8 V
2767

I0146693

PETITE

ARITHMÉTIQUE

NOMBRES ENTIERS. — NOMBRES DÉCIMAUX. —

SYSTÈME MÉTRIQUE

(1600 exercices et problèmes)

A L'USAGE

DES ÉLÈVES DES ÉCOLES RURALES ET DES CANDIDATS

AU

CERTIFICAT D'ÉTUDES PRIMAIRES

PAR

FLORIMOND CHOLLET

Ancien professeur, Inspecteur des Écoles primaires

OFFICIER D'ACADÉMIE

AUTEUR DE PLUSIEURS OUVRAGES CLASSIQUES

TROYES, BERTRAND-HU, ÉDITEUR

Place de l'Hôtel-de-Ville, 10 bis

PARIS, DELAGRAVE, rue Soufflot, 15

8°V
2767

PETITE
ARITHMÉTIQUE

NOMBRES ENTIERS. — NOMBRES DÉCIMAUX. —

SYSTÈME MÉTRIQUE

(1600 exercices et problèmes)

A L'USAGE

DES ÉLÈVES DES ÉCOLES RURALES ET DES CANDIDATS

AU

Certificat d'études primaires

PAR

FLORIMOND CHOLLET

Ancien professeur, Inspecteur des Écoles primaires

OFFICIER D'ACADÉMIE

AUTEUR DE PLUSIEURS OUVRAGES CLASSIQUES

———

TROYES

BERTRAND-HU, IMPRIMEUR-ÉDITEUR

ARITHMÉTIQUE

CHAPITRE PREMIER

DÉFINITIONS

D. — Qu'est-ce que l'arithmétique ?

R. — L'arithmétique est la science des nombres et du calcul.

D. — Qu'est-ce que le calcul ?

R. — Le calcul est le procédé que l'on emploie pour augmenter ou diminuer les nombres d'une manière convenable.

D. — Qu'est-ce qu'une règle ?

R. — Une règle est la marche que l'on suit pour résoudre un problème ; elle indique les opérations qu'il faut faire.

D. — Qu'est-ce que l'unité ?

R. — L'unité est une mesure prise arbitrairement (volonté) ou dans la nature (le mètre) pour servir de terme de comparaison à toutes les grandeurs de même espèce.

D. — Qu'est-ce qu'un nombre ?

R. — Un nombre est le résultat de la comparaison d'une grandeur quelconque à son unité.

D. — Combien y a-t-il de sortes de nombres ?

R. — Il y a trois sortes de nombres : le nombre entier, le nombre fractionnaire et le nombre fraction.

D. — Qu'est-ce que le nombre entier ?

R. — Le nombre entier est une quantité égale à une ou plusieurs fois l'unité exactement. Ex. : 45 francs.

D. — Qu'est-ce que le nombre fractionnaire ?

R. — Le nombre fractionnaire est une quantité égale à une ou plusieurs fois l'unité plus une ou plusieurs parties de cette unité. Ex. : 45 francs 75 centimes (45 fr. 75).

D. — Qu'est-ce que le nombre fraction ?

R. — Le nombre fraction est une quantité égale à une ou plusieurs parties de l'unité. Ex. : 0, fr. 75 centimes. Le nombre fraction est toujours précédé d'un zéro et d'une virgule, le zéro tenant la place de l'unité qui manque.

Observation. — Le nombre est concret ou abstrait. Le nombre est concret, quand on l'énonce en désignant l'espèce d'unité ; ex. : 42 francs. Le nombre est abstrait, quand on l'énonce sans désigner l'espèce d'unité ; ex. : 42.

NUMÉRATION

D. — Qu'est-ce que la numération ?

R. — La numération est l'art de nommer et d'écrire les nombres. De là deux sortes de numération : la numération parlée et la numération écrite.

D. — Qu'est-ce que la numération parlée ?

R. — La numération parlée est l'art de nommer les nombres, qui sont infinis, avec une quantité limitée de mots. Ainsi pour nommer un nombre composé de sept unités, au lieu de dire : *un* plus *un* plus *un* plus *un* plus *un* plus *un* plus *un*, on dit : *sept*, ce qui est beaucoup plus court.

Dix unités valent une dizaine ; dix dizaines, une centaine ; dix centaines, un mille, etc.

D. — Qu'est-ce que la numération écrite ?

R. — La numération écrite est l'art d'écrire les nombres avec une quantité limitée de caractères appelés chiffres.

D. — Combien avons-nous de chiffres ?

R. — Nous avons dix chiffres qui sont : 1, 2, 3, 4, 5, 6, 7, 8, 9, 0. Les neuf premiers nous viennent des Arabes ; ils sont appelés significatifs.

D. — Quel est le principe fondamental de la numération écrite ?

R. — Le principe fondamental de la numération écrite est que tout chiffre placé à la gauche d'un autre exprime des unités dix fois plus fortes ; mais comme on ne pourrait écrire tous les nombres à l'aide des neuf chiffres significatifs, on est convenu de remplacer par un zéro l'ordre d'unité qui manque dans un nombre.

D. — Qu'entend-on par ordre d'unité?

R. — On entend par ordre, les unités ou les dizaines, les centaines ou les mille, les dizaines de mille, etc.; ainsi, les unités sont du premier ordre, les dizaines, du second ordre, les mille, du quatrième ordre, etc Trois ordres forment une classe.

Tableau à consulter pour écrire les nombres			
1re cl.-Unités simples	1er ordre	Unités.	
	2e ordre	Dizaines.	
	3e ordre	Centaines.	
2e classe. — Mille	4e ordre	Unités de Mille.	
	5e ordre	Dizaines de Mille.	
	6e ordre	Centaines de Mille.	
3e classe. — Millions	7e ordre	Unités de Millions.	
	8e ordre	Dizaines de Millions.	
	9e ordre	Centaines de Millions.	

NOTA. — Le maître tracera, en tête du tableau noir, un tableau semblable au présent modèle et s'en servira pour apprendre à ses élèves à écrire les nombres.

D. — Comment fait-on pour écrire un nombre ?

R. — On écrit successivement, à la suite les uns des autres, les chiffres qui expriment combien chaque classe renferme de centaines, de dizaines et d'unités ; s'il manque une classe ou un ordre, on les remplace par des zéros.

D. — Comment fait-on pour lire facilement un nombre ?

R. — Pour lire facilement un nombre, on le sépare en tranches de trois chiffres en allant de droite à gauche ; quelquefois la dernière tranche à gauche ne renferme pas une classe entière ; ensuite, commençant par les plus hautes unités, on énonce successivement chaque classe en lui donnant le nom qui lui convient.

D. — Qu'entend-on par valeur relative et valeur absolue d'un nombre ?

R. — La valeur relative d'un nombre est celle qu'il a par rapport au rang qu'il occupe, et sa valeur absolue celle qu'il a par lui-même. Ainsi, dans 5948, la valeur relative de 9 est 900 et sa valeur absolue est 9.

Observation. — Faire écrire beaucoup de nombres au tableau noir.

CHAPITRE 2.

Addition des nombres entiers

D. — Qu'est-ce que l'addition ?

R. — L'addition est une opération par laquelle on ajoute ensemble plusieurs nombres de même espèce pour en former un seul que l'on appelle *somme* ou *total*.

D. — Comment reconnaît-on qu'il y a une addition à faire dans un problème ?

R. — Règle générale, on reconnaît qu'il y a une addition à faire dans un problème, lorsque tous les nombres de l'énoncé sont de même espèce et que l'on demande un *tout*, un *total*.

D. — Quel est le signe de l'addition ?

R. — Le signe de l'addition est une petite croix (+) qui signifie *plus*. Il se place entre les nombres à additionner.

D. — Quelle règle suit-on pour faire une addition ?

R. — On écrit les nombres les uns au-dessous des autres en plaçant dans une même colonne verticale les unités de même ordre. On fait ensuite l'addition de la première colonne à droite, au-dessous de laquelle on place le montant trouvé s'il n'excède pas 9. Si ce nombre est plus grand que 9, il renferme un nombre exact de dizaines ou des dizaines et des unités. Dans le premier cas, on place seulement un zéro au-dessous ; dans le deuxième cas les unités simples, et l'on retient toujours les dizaines pour les ajouter, comme des unités, à la colonne suivante. Lorsqu'on a opéré de la même manière sur toutes les colonnes, on a dans une même ligne horizontale la *somme* que l'on s'était proposé de trouver.

EXEMPLES :

N° 1.	N° 2.	N° 3.	N° 4.
487	7056	3542	4567
324	8403	8418	4623
536	872	8486	10004
1347	16331	43175	9000
		63621	28194

Procédé pour opérer. N° 1. — Sept et quatre | onze | et six | dix-sept | je pose 7 | et je retiens 1. Un et huit | neuf | et deux | onze | et trois | quatorze | je pose 4 | et je retiens 1. | Un et quatre cinq | et trois | huit | et cinq | treize | je pose 3 | et j'avance 1. | Total : 1347.

Procéder de la même manière pour les numéros 2, 3 et 4.

D. — Comment se fait la preuve de l'addition ?

R. — Après avoir fait l'addition de haut en bas en commençant par la droite, on la fait de bas en haut en commençant toujours par la droite, et si les deux sommes obtenues sont les mêmes, c'est que la première addition avait été bien faite.

Addition des nombres décimaux

D. — Comment se fait l'addition des nombres décimaux ?

R. — Pour faire l'addition des nombres décimaux, an écrit les nombres à ajouter les uns au-dessous des outres de manière que les unités de même ordre se correspondent. On ajoute ensuite ces nombres comme s'ils représentaient des entiers, et, dans le total, on place la virgule au rang où elle est déjà dans les nombres supérieurs.

EXEMPLES :

N° 1.	N° 2.	N° 3.	N° 4.
35,42	351,55	75.567	1564,009
54,18	181,46	84,506	8,909
84,86	175,07	71,76	770,5
331,75	18,17	80,5	66,756
506,21	726,25	312,333	2410,174

Exercices sur l'Addition

1	2	3	4	5
494	8940	1895	6945	3000
307	105	707	728	725
975	945	190	901	601
4059	4600	4567	5601	895

6	7	8	9	10
3004	13054	80000	10000	8750
767	1761	701	175	1295
9123	9785	965	5325	624
675	125	1459	694	946

11	12	13	14	15
8925	34575	6705	7815	9905
1756	1755	981	606	7609
109	967	9406	7005	701
8755	1609	712	981	19656

16	17	18	19	20
106	2506	345	1346	765
9459	1615	3061	900	8915
106	915	975	7569	622
7506	96506	6928	395	1345

21	22	23	24	25
3646	2971	1902	2305	9605
396	631	631	651	315
190	9753	7008	8901	6200
3601	906	985	204	824

26	27	28	29	30
8945	8610	301	801	365
9111	7525	4009	95	4056
605	6305	705	6725	997
9315	91005	6195	604	605

31	32	33	34	35
1305	9756	670	604	815
78910	345	9446	1564	9620
7605	6501	6545	809	725
901	395	815	9845	8094

1*

36	37	38	39	40
3656	2345	345	834	304
125	345	6748	9645	5945
6252	6046	944	708	315
945	945	98	9995	945

41	42	43	44	45
6444	7001	675	345	3615
4008	98125	9000	6715	5641
394	7006	726	7056	504
29	95	4515	926	99465

46	47	48	49	50
91456	13465	402506	3645	360045
304	24578	32504	919	3456
7800	34004	4515	7811	349925
10794	395	946	89105	245

51	52	53	54	55
48045	945	346004	650456	504515
7125	4926	59495	7545	7846
609	4506	6946	748	307
57846	139	345	97	125614

56	57	58	59	60
240645	345610	340625	75345	215
9405	3499	3009	9007	6046
927	295	564556	18345	915
67	25	975	7405	7846

61	62	63	64	65
300645	360045	45615	75605	28
74542	2916	6942	7411	924
615	34524	609	928	7625
78945	9245	79615	46579	85429

66	67	68	69	70
42	38	75	389	385
545	342	128	4690	5656
6545	6456	2995	9405	579
85401	945	765	928	7899

71	72	73	74	75
345	34065	1481	1465	39
4605	756665	391	7604	419
796	152005	6048	756	5419
9254	9456	948	9456	999

76	77	78	79	80
665	1815	1746	1235	845
7565	2546	91842	81456	1990
609	35642	9915	9405	92405
95	94005	8915	959	695

81	82	83	84	85
645	346	9728	9456	34539
7549	8906	6549	315	55619
346	9216	8118	7615	6095
8945	495	9224	716	428

86	87	88	89	90
34,569	5,005	3,625	1,755	75,45
450,105	74,545	72,155	9,565	145,05
39,800	65,205	5,650	24,155	46,15
9,155	1,155	95,445	56,254	245,75

91	92	93	94	95
65,645	70,625	35,525	40,155	39,175
25,155	75,115	24,615	195,205	120,155
352,500	176,240	25,575	25,150	25,450
72,115	19,500	8,155	5,255	171,915

96	97	98	99	100
45,005	36,915	24,725	20,725	28,550
26,115	305,215	20,410	25,615	29,655
25,425	25,200	25,500	125,505	30,515
5,115	5,254	715,625	15,215	39,415
			24 155	

PROBLÈMES SUR L'ADDITION

101. — Un bûcheron a fait dans sa semaine: le lundi, 92 fagots de bois, le mardi 59, le mercredi 85, le jeudi 67, le vendredi 98 et le samedi 104. Combien en a-t-il fait en tout ?

102. — Un cultivateur a ensemencé six champs qui lui ont donné: le 1er 172 gerbes de blé, le 2e 97, le 3e 234, le 4e 135, le 5e 218, le 6e 170. Combien a-t-il récolté de gerbes en tout ?

103 — Le département de la Vendée [...] dements: le 1er compte 151341 habitants, le [...] le 3e 114947. Quelle est la population totale du [...] tement?

104 — Un cultivateur a planté 1654 choux [...] champ, 1568 dans un autre et, 2046 dans un [...] bien a-t-il planté de choux en tout?

105 — Une école a trois divisions: la 1re [...] 15 élèves, la 2e 18, et la 3e 23. Combien d'élè[...] l'école?

106 — Un menuisier a fait pour le compte [...] propriétaire: une armoire estimée 125 francs [...] cretaire, 95 francs, un lit, 85 francs; une [...] francs. Combien lui est-il dû pour ce [...]

107 — Marie, Louise et Agathe ont [...] caisse d'épargne les sommes suivantes: Marie 335 fr. Louise, 415 francs, Agathe [...] francs. Quel est [...] tant des trois versements?

108 — Un bail est fait pour 18 ans et commence en 1868. En quelle année prendra-t-il fin?

109 — Un cultivateur mène des bœufs et [...] vend à la foire; il vend ses bœufs 1340 francs, ses [...] tons 1200 fr. Combien doit-il recevoir?

110 — Un vigneron a 4 vignes; la première donne en moyenne 2374 litres de vin par an [...] 2787 litres, la 3e 4245 litres et la 4e 2352 litres. [...] récolte-t-il de litres de vin par an?

111 — Une personne doit 2375 francs à [...] priétaire, 542 francs à son forgeron, 476 francs [...] charpentier et 983 francs à son marchand [...] Quelle somme doit-elle en tout?

112 — Dans une usine on emploie 45 homme[...] femmes et 24 enfants. Combien emploie-t-on de [...] sonnes dans cette usine?

113 — Un fermier donne 2500 francs de [...] dépense 1250 francs pour ses animaux, 800 fr. [...] fonciers, 450 francs [...] 1150 fr. d'engrais. A combien s'élèvent ses [...] annuelles?

114. — Un propriétaire a reçu d'un fermier 113 sacs de blé, d'un autre 85, d'un 3ᵉ, 134 et d'un 4ᵉ 109. Combien en a-t-il reçu en tout ?

115. — Dans une semaine, un père de famille gagne en sus de ses dépenses, 8 f. 25, la mère 2 f. 75 et les deux enfants 4 f. 15. On demande le gain total de ce ménage pour une semaine ?

116. — Un particulier achète une paire de bœufs pour 908 francs ; un marchand passe et lui offre un bénéfice de 230 francs. A combien les estime-t-il ?

117. — Un particulier avait acheté une maison pour 1560 francs ; il se propose de gagner 340 francs sur cette maison. Combien doit-il la revendre ?

118. — Un corps d'armée se compose de 26540 hommes d'infanterie, 8580 hommes de cavalerie, et 1560 hommes d'autres troupes. Quel est l'effectif de ce corps d'armée ?

119. — Un marchand grainetier a 3 sacs de graines, l'un de 125 litres de luzerne, un autre de 85 litres de trèfle, le 3ᵉ de 65 litres de ray-gras. Combien y a-t-il de litres de graines dans les 3 sacs ?

120. — Henri a 4 domestiques : il donne par an au premier 300 francs de gages ; au 2ᵉ, 250 fr. ; au 3ᵉ, 180 fr. ; au 4ᵉ, 100 fr. Quelle est sa dépense annuelle pour les gages de ses domestiques ?

121. — Un cultivateur récolte dans un pré 8540 kilogr. de foin, dans un autre 2345 kilogr., dans un 3ᵉ, 424 kilogr., dans un 4ᵉ, 5675 kilogr. Quelle est sa récolte totale en foin ?

122. — Un bœuf coûte 448 f. 50. Combien faudra-t-il le revendre pour gagner 60 f. 40 ?

123. — Paul doit à son maréchal 48 f. 50, à son charron 92 f. 40, à son marchand de chaux 104 f. 50, au vétérinaire 34 f. 60. Combien doit-il en tout ?

124. — Pierre porte au marché du beurre, des poules et des œufs : il vend son beurre 12 f. 40, ses poules 8 f. 50, ses œufs 4 f. 20. Quelle somme a-t-il reçue pour ces trois ventes ?

125. — Un domestique place à la caisse d'épargne

d'abord 148 f. 50, ensuite 190 f., une 3º fois 220 f. Quel est son avoir à la caisse ?

126. — Pour peser un morceau de beurre, on a mis dans l'un des plateaux d'une balance : 1º le poids de 500 gr. 2º celui de 200 gr. 3º celui de 50 gr. 4º celui de 20 gr. et celui de 5 gr. Combien pèse le morceau de beurre ?

127. — Un fermier a vendu un cochon gras 95 f. 75, une vache 250 f. 75, un cheval 385 f. 45, 2 bœufs pour 1408 f. 35 et une jument 450 f. 25. Combien a-t-il reçu pour le tout ?

128. — Un cultivateur a dépensé pour engrais en 1870, savoir : cendre de marais pour 427 f. ; noir animal pour 135 f. 50 ; chaux pour 76 f. 25 ; guano pour 45 f. 50. Quel est le montant de sa dépense ?

129. — Un élève a dépensé pour son école : fournitures du 1er trimestre, 1 f. 75, du 2e 2 f. 05, du 3e 1 f. 40, du 4e 3 f. 10 et 12 fr. pour la rétribution scolaire. Quelle est sa dépense pour l'année entière ?

130. — Inventaire du matériel d'une ferme : 2 charrettes 650 f., 3 charrues 142 f. 50, 2 herses 78 f. 75, un tombereau 125 f., outils divers, 137 f. 45. Quel est le total ?

131. — Une personne doit les cinq sommes suivantes : 2547 f., 17308 f., 782 f., 14912 f., 517 f. Quel est le montant de sa dette ?

132. — Quelle est la dépense annuelle d'une famille qui paye 512 f. 15 pour le pain, 319 f. 75 d'habillements, 234 f. 30 de viande et 205 f. pour d'autres dépenses ?

133. — Un fermier a reçu 2175 f. 25 pour du froment, 2097 f. 50 pour du bétail, 450 f. 75 pour du bois. Combien a-t-il reçu en tout ?

134. — Un marchand achète 4 barriques de vin : la première contient 215 litres, la 2e, 205 litres, la 3e, 230 litres et la 4e 219. Combien a-t-il acheté de litres de vin en tout ?

135. — On a acheté une maison pour 5310 f., on y a fait pour 1352 f. de réparations et en la revendant on veut gagner 850 f. Combien doit-on la revendre ?

136. — Une personne a reçu 520 f. en billets de banque, 305 f. en or, 192 f. 50 en argent et 2 f. 15 en bronze. Combien a-t-elle reçu en tout ?

137. — Quelle est la surface totale d'un champ formant trois triangles : le premier d'une superficie de 57 ares, le 2ᵉ de 75 ares et le 3ᵉ de 58 ares ?

138. — Pour faire construire une maison une personne a donné 1237 f. aux maçons ; 125 f. au tuilier ; 983 f. au charpentier et au menuisier. Combien a-t-elle déboursé en tout ?

139. — Pierre avait dans sa bourse 875 f. 50, il y a ajouté une première fois 1078 f. et une autre fois 735 f. 25. Combien y a-t-il maintenant dans sa bourse ?

140. — Un fermier a de race bovine : 8 bœufs, 6 vaches, 9 taureaux, 3 génisses et 11 veaux ; de race ovine : 6 moutons, 1 bélier, 15 brebis et 16 agneaux ; de race porcine : 1 verrat, 2 porcs, 2 truies et 12 gorets. Combien a-t-il de pièces de bétail de chaque espèce et combien en tout ?

141. — Un métayer a vendu à la foire une paire de bœufs gras pour 1350 f. 50, une paire de bœufs de charrue pour 856 f., quatre taureaux pour 875 f. 75, dix-huit moutons pour 725 f. 50, et deux porcs pour 427 f. 75. Quelle somme a-t-il reçue ?

142. — Combien y a-t-il de cantons, de communes et d'habitants dans le département de la Vendée, sachant qu'il y a dans l'arrondissement de Fontenay, 9 cantons, 111 communes et 138185 habitants ; dans celui de la Roche 10 cantons, 104 communes et 155,341 habitants ; dans celui des Sables : 11 cantons, 83 communes et 114947 habitants ?

143. — Un fermier a fait creuser 4 fossés : le premier a 107 m. 20 de long ; le 2ᵉ, 90 m. 70 ; le 3ᵉ, 135 m. 50 ; le 4ᵉ, 102 m. 03. Quelle est la longueur totale des 4 fossés réunis ?

144. — Un fermier exploite une ferme de 15 hectares de terres labourables, 9 hectares de prairies, 5 hectares de bois et 2 hectares de vignes. Quelle est l'étendue de son exploitation ?

145. — Le canton de Rocheservière se compose des

six communes et de la population suivantes : l'Herbergement, 447 habitants ; Mormaison, 821 ; Rocheservière, 1983 ; Saint-André-Treize-Voies, 1275 ; Saint-Philbert-de-Bouaine, 2088 ; et Saint-Sulpice-le-Verdon, 690. Quelle est la population de ce canton ?

146. — La population d'une commune se compose de 456 hommes et 456 femmes, 68 veufs, 84 veuves, 560 garçons et 589 filles. Combien y a-t-il d'habitants de chaque sexe et en tout ?

147. — Dans un magasin d'épicerie et de mercerie, on a vendu dans une journée pour 15 f. 60 de chandelles, 16 f. 70 de sucre, 8 f. 75 de savon, 36 f. 45 d'étoffe, 6 f. 35 de sel, 9 f. 85 de fromage et 3 f. 45 de poivre. A combien s'élèvent les recettes du marchand pour cette journée ?

148. — Un bordier achète, pour garnir ses étables, 2 bœufs pour 850 f. ; 2 vaches pour 345 f. ; des génisses et des taureaux pour 1025 f. ; un lot de moutons pour 275 f. Combien débourse-t-il ?

149. — Un fermier doit à son charron 137 f. 20; à son maréchal 83 f. 65 ; à son domestique 207 f. Quelle somme lui faut-il débourser pour acquitter ces trois dettes ?

150. — Un vigneron a récolté 4 fûts de vin: le premier contient 275 litres, le 2e 208 litres, le 3e 175, le 4e 96. Quelle est sa récolte ?

151. — Un boulanger établit ainsi le compte du pain qu'il a fourni à une famille pendant le dernier trimestre de l'année : octobre, 35 kilog 5 ; novembre, 34 kilog. 8 ; décembre, 40 kilog. Quel est le montant de cette fourniture ?

152. — Un domestique gagne par an 245 fr., plus cinq chemises cotées 15 fr. et d'autres menus objets évalués à 27 fr. ; son maître ne pouvant pour cette année le payer en nature, désire savoir quelle somme il devra lui donner pour s'acquitter entièrement envers lui ?

153. — Quelle est la dépense totale d'un cultivateur pour fumer ses terres, sachant qu'il emploie pour

928 f. 45 de fumier, 249 f. 75 de noir animal, 631 f. 50 de cendres et pour 248 f. de terreau ?

154. — Un fermier a vendu 15 hectolitres de froment, 43 d'orge, 37 de sarrazin et 45 de colza. Faire le total des hectolitres vendus.

155. — Un père de famille dépense annuellement 750 f. 50 pour sa nourriture, 237 f. 80 pour son habillement, 342 f. pour la tenue de sa maison, 127 f. 30 pour autres menus frais. Quelle est sa dépense annuelle ?

156. — Un voyageur a parcouru en cinq jours : 1° 30500 m. ; 2° 23475 m. ; 3° 40250 m. ; 4° 36278 m. ; 5° 26425 m. Combien a-t-il parcouru de mètres ?

157. — Un petit ménage possède 2 lits estimés ensemble 35 f. 40, 2 petites armoires valant 21 f. 75, un pétrin 5 f. 20, un garde-manger 3 f. 05, 4 chaises 3 f. 20, ustensiles de cuisine 6 f. 30, outils 7 f. 50, linge 40 f. 80. Quelle est la valeur de ce petit mobilier ?

158. — Un particulier dépense pour l'entretien de sa maison : en blé 350 f. 80 ; en vin 120 f. 25 ; en viande 95 f. 30 ; en bois 100 f. 75 ; en vêtements 118 f. 80 ; en beurre 60 f. 45, en divers autres objets 40 f. 35. Quelle est sa dépense ?

159. — Un particulier achète un jardin 1240 f. 25, il le revend avec un bénéfice de 205 f. 75. Combien le revend-il ?

160. — La fortune d'une personne se compose d'une maison estimée 25250 francs, d'une terre estimée 60,000 francs, de vignes estimées 30000 francs, d'un bois estimé 22000 francs et d'une valeur en portefeuille s'élevant à 75000 francs. Quel est le montant de cette fortune ?

161. — On a vendu dans une année quatre éditions d'un ouvrage : la première a été tirée à 3,500 exemplaires ; la 2ᵉ à 6220 ; la 3ᵉ à 8450 ; la 4ᵉ à 7380. Combien a-t-on vendu d'exemplaires ?

162. — Un marchand de bois a acheté 12 chênes pour 980 francs, 3 noyers pour 360 francs, 8 peupliers pour 310 francs, 9 ormes pour 180 francs. Combien a-t-il acheté d'arbres et combien les a-t-il payés?

163. — Un cultiveteur récolte dans un champ 732 gerbes, dans un 2e 430, dans un 3e 1084, dans un dernier 1360. Combien a-t-il récolté de gerbes dans ces quatre champs?

164. — Dans un champ j'ai compté 1560 pieds de betteraves, dans un autre 6480, dans un 3e 7845. Combien de betteraves dans ces 3 champs?

165. — Un épicier a vendu pour 3 f. 50 de café, 6 f. 80 de chandelles, 8 f. 40 de savon, et 1 f. 45 de poivre. Combien a-t-il reçu pour la vente de ces divers objets?

166. — Janvier a 31 jours, février 28, mars 31, avril 30. Combien de jours dans les 4 premiers mois de l'année?

167. — Un ouvrier met pour faire un ouvrage 45 jours; pour faire un 2e, 26 jours; pour un 3e, 38 jours. Combien met-il de jours pour faire ces trois ouvrages?

168. — Un spéculateur a 38580 f. placés dans une entreprise, 82675 f. placés dans une autre et 42630 f. placés dans une troisième. Quel est le montant des fonds du spéculateur placés dans ces trois entreprises?

169. — 5 personnes se sont associées pour faire un commerce: la première a déposé 6315 f.; la 2e, 7450 f.; la 3e, 8390 f.; la 4e, 6375 f.; la 5e, 10345 fr. Quel est le montant des fonds versés?

170. — Un fermier a 3 domestiques: à l'un il donne par an 320 f., à un autre 280 f., à un troisième 250 f. Combien dépense-t-il pour solder ses trois domestiques?

171. — Trois ballots pèsent: le premier, 670 kilog.; le 2e, 185 kilog.; le 3e, 240 kil. Quel est le poids total de ces trois ballots?

172. — J'ai acquitté une dette en trois payements: le premier de 840 f., le 2e de 721 f., le 3e de 445 f. Quelle était cette dette?

173. — Henri me doit 42 f. 50, Léon 56 f. 25, Ernest 27 f. 75. Combien ces trois personnes me doivent-elles ensemble ?

174. — Un jardinier a 3 carrés de salades ; dans l'un il en a 425 pieds, dans un autre 896, dans le dernier 1248. Combien de pieds de salades dans ces trois carrés ?

175. — Un particulier veut enclore un champ de forme triangulaire d'une haie d'aubépine : sur l'un des côtés il compte qu'il lui faudra placer 795 plants, sur le 2e, 1218 et sur le 3e 1570. Combien devra-t-il employer de plants d'aubépine pour la clôture de ce champ ?

176. — Dans un pré j'ai compté 35 meules de foin, dans un autre 27, dans un troisième 42. Combien de meules de foin dans ces 3 prés ?

177. — L'ancienne province du Poitou a formé 3 départements : celui de la Vienne qui compte environ 321000 habitants ; celui des Deux-Sèvres, 331 000 habitants et celui de la Vendée, 411000 habitants. Quelle est la population totale de cette ancienne province ?

178. — On m'a payé sur une dette un premier à-compte de 32 f. 50, un deuxième, de 78 f. 95, et on me doit encore 86 f. 25. Combien me devait-on ?

179. — Dans un tonneau on a versé 136 litres de vin et il faut encore en verser 94 litres pour le remplir. Quelle est la capacité de ce tonneau ?

180. — Un particulier a trois vignes : dans la première, il y a 1824 ceps, dans la deuxième, 2638 ceps, dans la troisième, 3204. Combien y a-t-il de ceps dans ces trois vignes ?

181. — Un régiment de cavalerie comprend 4 escadrons : le premier possède 124 chevaux ; le 2e, 164 ; le 3e, 182 et le 4e 148. Combien y a-t-il de chevaux dans ce régiment ?

182. — Un facteur dessert deux communes : du bureau de poste à la première, il y a 3840 mètres, de la première à la deuxième 5275 mètres, de la deuxième au bureau de poste 6248 mètres. Dire le chemin parcouru chaque jour par ce facteur, sachant qu'il fait, en outre, en distribuant ses lettres 8276 mètres?

183. — Louis XIV est né en 1638, il est monté sur le trône à l'âge de cinq ans et il a régné 72 ans. En quelle année est-il mort?

184. — Jules a 16 ans, Louis a 3 ans de plus que Jules, et Victor 4 ans de plus que Louis. Quel est l'âge de Louis et celui de Victor et quel est l'ensemble des âges de ces 3 jeunes gens?

185. — Un père a 32 ans de plus que son fils : quand le père meurt, le fils est âgé de 46 ans. A quel âge le père meurt-il?

186. Une prairie a la forme d'un triangle : l'un des côtés a 396 mètres, le 2ᵉ 215 mètres et le 3ᵉ 412. On demande combien devra parcourir de mètres la personne qui veut en faire le tour?

187. — Dans une volière, il y a 36 poules, 3 coqs, 8 canards et 6 oies. Combien de volatiles dans cette volière?

188. — Dans une ville on consomme annuellement 8247 hectolitres de froment, 1215 hectolitres d'orge, 2426 hectolitres d'avoine. Combien consomme-t-on d'hectolitres de ces 3 sortes de grains?

189. — Un domestique a placé dans une année à la caisse d'épargne 112 francs; il a dépensé 60 fr. 75 c., et il lui reste encore 28 f. 25. Combien a-t-il gagné dans son année?

190. — Une personne possède 3 fermes : la première est estimée 25000 f., la deuxième 208340 f., la troisième 226425 f. Elle possède en outre une maison valant 40000 f., un mobilier 20400 f. Elle a en portefeuille 16295 f. et elle a de placés dans diverses entreprises 148000 fr. Quelle est la fortune de cette personne?

191. — Un fermier a vendu du blé pour 1839 f., du bétail pour 4376 f., des denrées pour 892 f. 50. Combien a-t-il dû recevoir?

192. — Le même fermier paye pour sa ferme 4350 fr., il dépense pour engrais, pour l'entretien de sa maison, de son mobilier agricole et autres frais 1632 f., il fait un bénéfice de 1205 f. Quelle a dû être la valeur de ses récoltes ?

193. — Un autre fermier dont le montant des ventes s'élève à 3206 f. 40 a fait une perte sur son prix de ferme de 293 f. 60. Combien afferme-t-il ?

194. — Un entrepreneur, pour faire un travail, emploie des ouvriers qu'il paye ensemble 1204 f. 30 ; il fournit des matériaux pour 1680 f. 70 et il gagne 115 f. Combien avait-il pour cet ouvrage ?

195. — Dans une ville, il y a six écoles : dans la première il y a 123 élèves, dans la deuxième 108, dans la troisième 116, dans la quatrième 92, dans la cinquième 137, dans la sixième 48. Quel est le nombre des élèves qui fréquentent ces six écoles ?

196. — Un marchand achète une coupe de bois qu'il revend en trois lots : le premier pour 6392 f., le deuxième pour 8465 f. 50, le troisième pour 8346 f. 25. Il fait ainsi une perte de 342 f. 25. Combien avait-il acheté cette coupe de bois ?

197. — Un pépiniériste a vendu le lundi 16 poiriers, 13 pommiers, 8 pêchers, 5 abricotiers ; le mardi, 18 poiriers, 9 pommiers, 12 pêchers, 8 abricotiers ; le mercredi, 14 poiriers, 7 pommiers, 6 pêchers, 13 abricotiers ; le jeudi, 22 poiriers, 12 pommiers, 19 pêchers, 2 abricotiers ; le vendredi, 19 poiriers, 24 pommiers, 16 pêchers, 12 abricotiers ; le samedi, 45 poiriers, 38 pommiers, 3 pêchers et 25 abricotiers. Combien dans la semaine a-t-il vendu d'arbres de chaque espèce et combien en tout ?

198. — On a acheté un cheval 840 f., un poulain 174 f., une vache 250 f., 2 porcs 145 f. Combien a-t-on acheté de pièces de bétail et combien les paye-t-on ?

199. — Un tonneau pouvant contenir 230 litres est en mauvais état ; pendant qu'on le remplit il laisse échapper 25 litres. Combien faut-il verser de litres pour le remplir ?

200. — Une fruitière vend 25 poires pour 1 f. 50 ; 100 pommes pour 3 f. 75 ; 15 pêches pour 1 f. 25. Combien vend-elle de fruits et combien reçoit-elle ?

CHAPITRE III.

Soustraction des nombres entiers.

D. — Qu'est-ce que la soustraction ?

R. — La soustraction est une opération par laquelle on retranche un nombre d'un autre nombre de même espèce pour en avoir la différence. Le résultat s'appelle reste.

D. — Comment reconnaît-on qu'il y a une soustraction à faire dans un problème ?

R. — Règle générale, on reconnaît qu'il y a une soustraction à faire dans un problème, lorsque les deux nombres de l'énoncé sont de même espèce et que l'on veut avoir un reste, une différence.

D. — Quel est le signe de la soustraction ?

R. — Le signe de la soustraction est un petit trait horizontal (—) qui signifie moins. Il se place entre les nombres à soustraire.

D. — Quelle règle suit-on pour faire la soustraction des nombres entiers ?

R. — Pour faire la soustraction des nombres entiers, on écrit les deux nombres l'un au-dessous de l'autre, le plus petit sous le plus grand, unités sous unités, dizaines sous dizaines, etc., et l'on souligne le tout pour le séparer du résultat que l'on écrit au-dessous. Ensuite, commençant par la première colonne à droite, on retranche le chiffre inférieur du chiffre supérieur qui lui correspond, et l'on écrit le résultat au-dessous de la colonne ; on opère de cette manière sur chaque colonne jusqu'à la dernière à gauche. Si tous les chiffres du nombre supérieur sont plus forts que ceux du nombre inférieur, la soustraction ne présente aucune difficulté, il suffit de savoir retrancher un nombre d'un seul chiffre d'un autre nombre d'un seul chiffre. Si le chiffre inférieur est égal au chiffre supérieur correspondant, on écrit 0 au-dessous de la colonne. Si le chiffre inférieur est plus grand que le chiffre supérieur correspondant, on augmente le chiffre supérieur de dix unités de son ordre ; mais quand on passe à la colonne suivante à gauche, on augmente le chiffre inférieur d'une unité avant de le soustraire du chiffre supérieur qui lui correspond.

EXEMPLES :

N° 1.	N° 2.	N° 3.	N° 4.
7346	4557	4305	20005
2453	3786	2437	18794
4893	771	1868	1211

Procédé pour opérer. N° 1. — Trois ôté de six | il reste trois | je pose 3. | Cinq ôté de quatre | cela ne se peut | cinq ôté de quatorze | il reste neuf | je pose 9 | et je retiens un | Un et quatre cinq. | Cinq ôté de treize | il reste huit | je pose 8 | et je retiens un. | Un et deux trois | Trois ôté de sept | il reste quatre | je pose 4. | Reste : 4893.

Procéder de la même manière pour les numéros 2, 3 et 4.

D. — Comment fait-on la preuve de la soustraction ?

R. — Pour faire la preuve de la soustraction, on ajoute le reste au plus petit nombre ; la somme doit être égale au plus grand nombre, puisque ce reste représente ce qui manque au plus petit nombre pour égaler le plus grand.

Soustraction des nombres décimaux.

D. — Comment fait-on la soustraction des nombres décimaux ?

R. — Pour faire la soustraction des nombres décimaux, on écrit les deux nombres proposés l'un au-dessous de l'autre, de manière que les unités de même ordre se correspondent ; on opère ensuite comme pour des nombres entiers, et, dans le nombre qui exprime le reste, on met la virgule au rang où elle est déjà dans les deux nombres supérieurs.

N° 1.	N° 2.	N° 3.	N° 4.
37,53	4,557	560,504	8,0005
15,21	3,786	471,785	7,7896
22,32	0,771	88,719	0,2109

Exercices sur la Soustraction.

201	202	203	204	205
45402	67052	134567	3041	43256
27572	50181	67450	785	6945

206	207	208	209	210
23456	2364	9456	64567	64456
1250	1856	7854	3455	5645

211	212	213	214	215
23456	65405	3845	5334560	38156
12347	56306	1357	257452	17254

216	217	218	219	220
230456	230456	604054	304560	250045
125454	125456	256752	153675	176815

221	222	223	224	225
204565	204565	734004	3456450	364564
134506	202785	578925	2547454	254504

226	227	228	229	230
234567	245645	607802	356456	345456
154607	156785	546454	134525	125405

231	232	233	234	235
304567	340574	204567	364504	524456
126754	125675	134504	134565	254545

236	237	238	239	240
345675	934567	725456	345675	4356756
254005	754567	654256	124567	1245678

241	242	243	244	245
345675	256785	630454	845004	945675
256705	178457	567895	656754	789045

246	247	248	249	250
6370045	540054	6545401	1734506	3456750
5670545	256754	5456727	945415	1245627

251	252	253	254	255
1450045	894005	780046	908045	745450
862546	768115	571245	815465	526754

256	257	258	259	260
564545	340054	245405	345045	345067
234007	125675	234506	215675	123545

261	262	263	264	265
204575	345645	345675	345456	754545
167809	250454	127567	267854	654574

266	267	268	269	270
456754	367564	654054	767854	850045
267545	134545	345145	546947	767705

271	272	273	274	275
540042	300475	345467	245645	345675
245246	120572	135405	134567	245405

276	277	278	279	280
345675	6500457	7004501	6500456	345605
254745	2456705	5667215	1255405	245495

281	282	283	284	285
7004505	6504545	3200575	7400471	8560054
2546715	3454575	1354605	2545005	1561175

286	287	288	289	290
745,054	8,405	44,45	344,55	2,045
25,055	3,579	3,05	12,75	1,754

291	292	293	294	295
5,0045	16,0045	9,0045	28,4005	29,0056
0,9945	7,1255	6,9999	17,1957	18,2545

296	297	298	299	300
32,0056	29,0045	3,0459	0,45675	0,50045
21,4545	19,1145	1,0447	0,29485	0,29787

PROBLÈMES SUR LA SOUSTRACTION

301. — Pierre avait acheté un bœuf 340 f.; il l'a revendu 460 f. Combien a-t-il gagné ?

302. — Amédée devait 126 f.; il a payé 69 f. Combien doit-il encore ?

2

303. — J'ai acheté une terre 59650 f. ; je la revends en détail pour 68420 francs. Quel est mon bénéfice ?

304. — Un marchand de moutons en a conduit 8430
à la foire ; il n'en a vendu que 6792. Combien en a-t-il
ramené ?

305. — Une pièce de toile avait 25 mètres de long ;
après plusieurs ventes successives, il n'en reste plus
que 1 m. 85. Combien a-t-on vendu de mètres ?

306 — Un ouvrier gagne annuellement 1050 f. et
dépense 686 f. 40. Quelles sont ses économies ?

307. — Une personne est née en 1821. Quel âge aura-t-elle en 1894 ?

308. — Une commune a une population de 2146 habitants ; une autre commune voisine n'a que 1762 habitants. Quelle est la différence de population de ces deux
communes ?

309. — L'Amérique a été découverte en 1492. Combien y aura-t-il d'années qu'elle est découverte en
1892 ?

310. — Un ouvrier gagne par an 2175 fr., et il dépense 1456 fr. Combien lui reste-t-il au bout de l'année ?

311. — Jean devait à Pierre 3456 f. ; il lui a donné
un à-compte de 2628 fr. Combien lui doit-il encore ?

312. — Deux frères doivent se partager 24560 f. ;
l'aîné doit avoir 15286 f. Quelle sera la part du plus
jeune ?

313. — Un cultivateur a acheté deux bœufs pour
875 f. ; il les a revendus 1146. Quel est son bénéfice ?

314. — Une personne née en 1804 est morte en 1871.
Quel âge avait-elle ?

315. — Une personne gagne 1500 f. par an et dépense 1275. Combien lui reste-t-il ?

316. — Un fermier a acheté une paire de bœufs
910 f. ; il l'a revendue 1020 francs. Combien a-t-il gagné ?

317. — Une personne achète une maison pour
17500 f. ; elle la revend 20300 f. Combien a-t-elle gagné ?

318. — Un fermier doit à son propriétaire 1575 f. ; il lui paye 945 f. Que doit-il encore ?

319. — J'achète une propriété 1500 f., je paie 800 f. Que dois-je encore ?

320. — Un tisserand doit faire 125 mètres de toile, il n'en a fait que 83 mètres. Que lui reste-t-il encore à faire ?

321. — Je dois 80 francs à mon marchand de drap, je lui donne un billet de 500 f. Quelle somme doit-il me remettre ?

322. — Une personne devait 65 f. à son boulanger ; elle lui a payé un à-compte de 35 f. Combien lui doit-elle encore ?

323. — Un entrepreneur doit faire 183 m. de chemin, il en a fait 87 mètres. Que lui reste-t-il encore à faire ?

324. — Je devais à mon épicier 18 f. 75, je lui ai payé 11 f. 40. Que lui dois-je encore ?

325. — Paul me devait 1785 f., il m'a donné 234 f. Combien me doit-il encore ?

326. — J'ai acheté une maison 6425 f., j'ai donné 4283 fr. Que dois-je encore ?

327. — Mon voisin a 83 ans. En quelle année est-il né ?

328. — Un ouvrier doit creuser 375 mètres de fossé ; il n'en a creusé que 201 Combien lui en reste-t-il encore à faire ?

329. — Un tisserand a fait 875 mètres de toile, il devait en faire 1025 mètres. Combien doit-il encore en produire ?

330. — J'ai acheté une métairie pour 35248 f., j'ai payé 23780 f. Combien dois-je encore ?

331. — Un marchand a vendu un lot de moutons 765 f., on lui donne 545 f. Combien doit-il encore recevoir ?

332. — Un fermier va à la foire et emporte 1750 f., il dépense 1245 fr. Combien remporte-t-il à la maison ?

333. — En partant, Paul m'avait remis 1845 francs, je lui ai envoyé 1695 f. ; que lui dois-je encore ?

334. — J'avais 183 mètres de drap, j'en ai vendu 78 mètres. Combien me reste-t-il de mètres de drap ?

335. — Un chemin doit avoir 5435 m. 20 de long, il n'a été fait que 4843 m. 50. Combien reste-t-il encore de mètres à faire ?

336. — Un cultivateur qui a vendu pour 1254 f. 45 de blé, reçoit une première fois 435 f., une deuxième fois 630 f. Combien lui doit-on encore ?

337. — Jean a payé 152 f. 40 de contributions en trois fois: la première fois il a donné 33 f. 40 ; la deuxième 46 f. 80 ; et la troisième le reste. Combien a-t-il payé la troisième fois ?

338. — Une fermière dépense 630 f. 90 pour l'entretien de ses vaches, elle vend pour 423 francs de beurre et pour 295 fr. 95 de lait. Quel est son bénéfice ?

339. — Sur une pièce de toile de 53 m. 80 de long, j'ai vendu une première fois 25 m. 40, une deuxième 4 m. 85. Que me reste-t-il encore ?

340. — Un cultivateur achète des moutons pour 845 fr. 60, il dépense pour les engraisser 238 f. 90 et les revend 1383 f. 50. Quel est son bénéfice ?

341. — Un fermier a acheté 2 bœufs pour 785 fr., pour les engraisser il a dépensé pour 220 f. de pulpe et 135 f. de choux et les a revendus 1155 f. 80. Quel est son bénéfice ?

342. — Un ouvrier gagne 840 f. par an, il dépense pour sa nourriture 435 f., et pour son logement et ses vêtements 240 francs. Combien peut-il économiser ?

343. — Un marchand achète une coupe de bois pour 12732 f. 50 et il la revend en 3 lots: le premier pour 5385 f., le deuxième pour 4728 f. 50, et le troisième pour 4950 fr. 80. Combien a-t-il gagné ?

344. — Un fermier récolte 738 hectolitres de blé, il lui en faut 96 hectolitres pour sa consommation et 16 hectolitres pour la semence; il donne à son maître 283 hectolitres et il vend le reste. Combien d'hectolitres pourra-t-il vendre?

345. — 3 personnes se sont partagé une somme de 1245 f. 80 : la première a eu 415 f., la deuxième 38 f.

40 de plus que la première, et la troisième le reste. Combien ont eu les 2 dernières ?

346. — Mémoire d'un fermier : Vendu du bétail pour 2850 f. 80 et du blé pour 4845 f. 85 ; acheté dix taureaux pour 4543 f., payé la ferme 2,800 f., et donné aux domestiques 415 fr. 90. Combien lui reste-il ?

347. — Un fermier mène au marché 18 hect. 56 de blé, il en vend 15 hect. 25. Combien lui en reste-t-il à vendre ?

348. — Un marchand avait 145 m. 80 de toile, il en a vendu d'abord 12 m. 43, puis 14 m 26, puis 22 m 15, et enfin il vient de vendre le reste. Combien y avait-il de mètres dans ce reste ?

349. — Un fermier a recueilli de la tonte de ses moutons 13 kilos 564 de laine noire, 23 kilos 458 de laine blanche, 18 kilos 515 de laine grise, enfin 42 kilos 815 de mérinos. Combien a-t-il recueilli en tout et que lui reste-t-il, s'il vend 3 kilos 125 de chaque espèce de laine ?

350. — Un journalier avait gagné chez un cultivateur 183 f. 45. Au moment de le payer, le cultivateur lui retient 48 f. 85 pour du blé qu'il lui a fourni, 32 f. 50 pour des haricots, 12 f. 50 pour des pommes de terre. Combien est-il redû au journalier ?

351. — Un fermier possède 1286 f. 40, il veut, avec cette somme, acheter des engrais. Il achète pour 165 f. 85 de noir animal, 85 f. 50 de chaux, 283 f 90 de poudrette, 315 f. 40 de cendre; avec le reste il achète du guano. Pour quelle somme en achète-t-il ?

352 — Un courrier a 183 kil. 585 à parcourir : la distance du point de départ au premier relais est de 52 kil. 585 ; le premier relais et le deuxième sont éloignés l'un de l'autre de 65 kil. 435, et enfin vient le lieu de destination. Quelle distance sépare le deuxième relais de la destination ?

353. — Le poids total d'un ballot est de 548 kilogr. 525 ; l'emballage pèse 8 kil. 545, une pièce de fer pèse 12 kilos 840 et une presse 15 kilos. On demande le poids du reste des marchandises contenues dans ce ballot ?

354. — Un négociant achète pour 6814 f. de sucre avarié. Il donne le premier tiers de sa marchandise pour 2814 f. 50, le deuxième tiers pour 1845 f. 85, et enfin le reste pour 1800 francs. Combien a-t-il perdu ?

355. — Pour payer une dette de 845 f 90, une personne donne un billet de 500 f., 2 billets de 100 f. et 3 billets de 50 f. Combien doit-on lui remettre ?

356. — J'ai fait deux achats : l'un de 435 f. 90 et l'autre de 450 f. 05, je donne en payement un billet de 1000 f. Combien doit-on me rendre ?

357. — Deux personnes vont au marché, la première vend pour 185 f. de marchandises et la deuxième pour 103 f. Combien la première a-t-elle reçu de plus que la seconde ?

358. — Deux fermes sont estimées : l'une 42,375 f., et l'autre 23725 f. Quelle est la différence des prix d'estimation ?

359. — Quel est le bénéfice d'un marchand qui a revendu 525 f. une pièce de drap qui lui avait coûté 380 f. ?

360. — J'ai vendu l'année dernière pour 6833 f. de foin ; cette année je n'en ai eu que pour 5432 f. Combien de moins que l'année dernière ?

361. — Un domestique devait à son maître 1846 f. ; il lui a rendu 1223 f. Combien lui doit-il encore ?

362. — J'ai récolté 183 barriques de vin, il m'en reste 52. Combien en ai-je vendu ?

363. — J'ai dépensé cette année 1224 f. pour l'entretien de ma maison, l'année dernière j'avais dépensé 638 f. Combien cette année ai-je dépensé de plus que l'année dernière ?

364. — Sur 486 fagots de bois, j'en ai vendu 245. Combien m'en reste-t-il ?

365. — Une personne vend 78 kilos d'un cochon qui pèse 183 kilos. Combien lui en reste-t-il ?

366. — Un cultivateur possède 18284 kilos d'engrais, il en emploie 14657 kilos. Combien pourra-t-il en vendre ?

367. — Un marchand a vendu pour 46834 f. de bestiaux, il a dépensé pour l'achat et la nourriture 26786 f. Quel est son bénéfice ?

368. — Une fermière dépense pour l'entretien de ses vaches 436 f., mais elle vend pour 877 f. de lait et de beurre. Quel est son bénéfice ?

369. — Un cultivateur doit à son domestique 845 f., comme celui-ci a fait quelques dégâts, il lui retient 26 francs. Combien le domestique a-t-il à recevoir ?

370. — Un propriétaire achète un cheval pour 786 fr., il le revend 830 francs. Quel est son bénéfice ?

371. — Mon loyer s'élève à 684 fr., l'an dernier il était de 483 francs. Dire combien je paie en plus cette année ?

372. — Un cultivateur donne 1800 francs de ferme de la métairie qu'il exploite ; la Saint-Georges venue, il ne peut payer que 1075 fr., comme il se propose de donner le reste à la Toussaint, on désire savoir quelle somme il lui faudra pour cette époque.

373. — Un fermier a transporté dans ses champs 28 charretées de fumier. Combien lui reste-t-il de charretées à transporter, sachant qu'il en avait 74 dans son tas ?

374. — Par suite du manque de fourrage, un fermier vend pour 945 f. 25 une paire de bœufs qui lui avait coûté 1075 f. 80. Combien perd-il ?

375. — Un pain de sucre pesait 8 kil. 325, on en a vendu 4 kil. 57. Combien en reste-t-il ?

376. — Deux charrettes sont chargées de blé : l'une porte 2730 kilog. et l'autre 2460 kilog. 535. Quelle est la différence de poids ?

377. — Sur une dette de 6435 f. 80, on a payé 4265 fr. 40. Combien redoit-on ?

378. — Henri devait à son oncle 4769 f. 40, il lui a donné 1982 f. 40. Combien lui doit-il encore ?

379. — Une pièce de vin contenait 587 litres 50, on en a vendu 435 litres 75. Que reste-t-il à vendre ?

380. — Un cultivateur a deux champs, d'égale grandeur : le premier a produit 57 hectolitres 75 de blé, et le deuxième 73 hectol. 47. Quelle est la différence de production ?

381. — Un métayer a récolté, en 1870, 234 hectol. 75 de blé, et en 1871, 187 hectol. 50. Quelle est la différence ?

382. — Un aubergiste a vendu 108 litres 75 d'une barrique qui contient 233 litres 85. Que reste-t-il dans le fût ?

383. — En 1870, j'ai récolté 87 hectol. 75 de vin ; en 1871, j'en ai récolté 94 hectol. 57. Combien ai-je récolté en plus ?

384. — Un fermier qui a reçu dans son année 3684 fr. 85, à dépensé 2438 fr. 75. Combien a-t-il économisé ?

385. — L'année dernière, mon blé pesait 76 kilog. 55 l'hectolitre, cette année il pèse 79 kil. 753. Quelle est la différence de poids ?

386. — On vend du blé au poids de 78 kil. l'hectolitre, il pèse 79 kilog. 532. Combien gagne-t-on par hectolitre ?

387. — J'ai acheté 57396 kilog. 535 de bois, j'en ai revendu 38435 kilog. Combien m'en reste-t-il ?

388. — J'ai perdu 156 fr. sur un achat de drap que je payais 1245 f. Combien l'ai-je revendu ?

389. — Un homme doit parcourir 224 kilomètres : le premier jour il parcourt 46 kilomètres 514 ; le deuxième, 58 kilom 215 ; le troisième, 52 kilom. 275 ; le quatrième, le reste. Combien a-t-il parcouru le quatrième jour ?

390. — Dans une famille, le père est né en 1818, la mère en 1825, le fils en 1851, la fille aînée en 1853 et la cadette en 1857. Quel est, en 1878, l'âge du père, de la mère, du fils et des deux filles ?

391. — Un cultivateur doit à un ouvrier qui lui a fait des réparations une somme de 480 f., mais il lui a fourni pour 75 f. 80 de vin et pour 248 f. 50 de blé. Que lui doit-il encore ?

392. — J'ai acheté une propriété pour 45243 f. 75, j'y ai fait faire pour 1890 f. 50 de réparations et je l'ai revendue en 3 lots le premier pour 12480 f. 60, le deuxième pour 24695 f. 70 et le troisième pour 18000 fr. Combien ai-je gagné ?

393. — Un cultivateur ayant acheté 48500 kilog. de paille, en enlève d'abord 13480 kil. 50, ensuite 15600 kil. et enfin le reste. Combien a-t-il enlevé la troisième fois ?

394. — Un négociant entre dans le commerce avec 30000 f. Il fait d'abord une perte de 15000 f. et ensuite un bénéfice de 23400 f. De combien son capital s'est-il accru ?

395. — Un épicier reçoit 419 f., il paye pour 850 f. 40 de marchandises. Combien possède-t-il encore, s'il avait d'abord 615 f. dans sa caisse ?

396. — Un marchand de vin tire d'un tonneau contenant 583 litres 50, une barrique de 226 litres et un autre fût contenant 75 litres 35 centilitres. Combien reste-t-il de vin dans le tonneau, sachant qu'en le soutirant il y a eu 6 litres 50 de perdus ?

397. — Un père est âgé de 84 ans, il a 15 ans de plus que sa femme et celle-ci a 26 ans de plus que sa fille aînée, le père a 44 ans de plus que son fils. Dire quel est l'âge du fils, de la fille et de la mère.

398. — Quelle est la durée d'un voyage commencé le lundi à six heures du soir et fini le jeudi matin à 7 heures 5 minutes ?

399. — Un négociant a dans sa caisse 4583 f. 45, le lundi il reçoit 1583 f. 50, le mardi 1845 f. 34, le mercredi il donne 156 f. 80 et reçoit 1215 f., le jeudi il paye 345 f. 40, le vendredi il reçoit 4586 f. 90, enfin le samedi il reçoit 116 f. 15 et donne 5243 f. 50. Combien lui reste-t-il, ou combien doit-il ?

400. — Sur un billet de 1000 francs j'ai payé une note de boulanger s'élevant à 78 f. 40, une note d'épicier à 119 f. 15, une note de bottier à 90 fr. et une note de tailleur à 282 fr. Combien reste-t-il de ce billet ?

2.

CHAPITRE IV.

Multiplication des nombres entiers.

D. — Qu'est-ce que la multiplication ?

R. — La multiplication est une opération qui a pour but de répéter un nombre appelé multiplicande autant de fois qu'il y a d'unités dans un autre nombre appelé multiplicateur. Le résultat de cette opération se nomme produit.

D. — Comment reconnaît-on qu'il y a une multiplication à faire dans un problême ?

R. — Règle générale, on reconnaît qu'il y a une multiplication à faire dans un problême, lorsque l'énoncé donne le prix d'un seul objet et que l'on veut avoir le prix de plusieurs objets.

D. — Quel est le signe de la multiplication ?

R. — Le signe de la multiplication est une croix oblique (×) qui signifie Multiplié par.

D. — Quelle règle suit-on pour faire la multiplication des nombres entiers ?

R. — Pour faire la multiplication des nombres entiers, on place le multiplicateur au-dessous du multiplicande et on souligne le tout par un trait horizontal ; ensuite, on multiplie tout le multiplicande par le premier chiffre à droite du multiplicateur. Ce premier produit partiel obtenu, on multiplie tout le multiplicande par le chiffre des dizaines du multiplicateur, ce qui donne un deuxième produit partiel qu'on écrit sous celui qui le précède, en ayant soin de le reculer d'un rang vers la gauche. On continue ainsi jusqu'à ce qu'on ait multiplié successivement le multiplicande par chaque chiffre du multiplicateur. Cela fait, on souligne tous les produits partiels et l'on en fait l'addition. Le résultat qu'on trouve est le produit des deux nombres proposés.

Exemples :

N° 1.	N° 2.	N° 3.	N° 4.
467	675	7405	4080
23	43	236	587
1401	2025	44430	28560
934	2700	22215	32640
10741	29025	14810	20400
		1747580	2394960

Procédé pour opérer. N° 1. — Trois fois sept | vingt-un | je pose 1 | et je retiens 2. | Trois fois six | dix-huit | et deux | vingt | je pose 0 | et je retiens 2. | Trois fois quatre | douze | et deux | quatorze | je pose 4 | et j'avance 1.

Deux fois sept | quatorze | je pose 4 | et je retiens 1. | Deux fois six | douze | et un | treize | je pose 3 | et je retiens 1. | Deux fois quatre | huit | et un | neuf | je pose 9. |

Les produits partiels obtenus, on les ajoute. On dit donc : Un | je pose 1. | Zéro et quatre | quatre | je pose 4. | Quatre et trois | sept | je pose 7. | Un et neuf | dix | je pose 0 | et j'avance 1. | Produit 10741.

Procédez de la même manière pour les numéros 2, 3 et 4.

D. — Comment fait-on la preuve de la multiplication ?

R. — Après avoir multiplié le multiplicande par le multiplicateur, on multiplie le multiplicateur par le multiplicande, et si les deux produits obtenus sont les mêmes, c'est que la première multiplication avait été bien faite.

Multiplication des nombres décimaux.

D. — Comment fait-on la multiplication des nombres décimaux ?

R. — Pour faire la multiplication des nombres décimaux, on écrit les deux nombres proposés l'un au-dessous de l'autre, et on multiplie comme à l'ordinaire, sans faire attention à la virgule. La multiplication terminée, on sépare au moyen de la virgule, sur la droite du produit, autant de chiffres qu'il y a de décimales au multiplicande et au multiplicateur.

EXEMPLES :

N° 1.	N° 2.	N° 3.	N° 4.
56,35	4,557	58,004	8,001
43.	3,788	23,037	0,004
16905	36456	406028	0,032004
22540	36456	174012	
2423,05	31899	1740120	
	13671	116008	
	17,261916	1336,238148	

Obs. — Pour multiplier un nombre entier par 10, par 100, par 1000, etc., il suffit d'ajouter un zéro, deux zéros, trois zéros, etc. à la droite de ce nombre. Ainsi, pour multiplier 45 par 10 j'ajoute un zéro et j'ai 450 ; pour le multiplier par 100 j'ajoute deux zéros et j'ai 4500 ; pour le multiplier par 1000, trois zéros, etc. Lorsque le nombre est fractionnaire ou fraction, pour le multiplier par 10, on avance la virgule d'un rang sur la droite ; de deux rangs pour le multiplier par 100 ; de trois rangs par 1000, de quatre rangs par 10000, etc., etc.

Exercices sur la Multiplication

401	402	403	404	405
3456×3	78045×6	84545×5	80454×5	66405×7
67450×5	50454×7	75460×6	72545×3	89454×9
406	407	408	409	410
5045×9	567565×7	39459×2	180456×9	32456×7
9454×7	894005×8	79809×4	760045×7	75405×6
411	412	413	414	415.
6045×5	60545×6	9084×6	78056×2	9785×3
90145×7	75450×4	7567×7	34567×9	134567×7
416	417	418	419	420
87095×3	65045×7	34056×5	67565×5	7666×9
25456×9	78905×2	765675×9	94567×9	89457×5

421	422	423	424	425
2545×6	35045×7	65045×5	75045×5	604575×3
70569×3	3459×3	75045×7	89450×7	945075×7

426	427	428	429	430
804545×5	750267×7	89456×9	75499×9	56954×9
39456×9	74056×9	74566×9	89795×9	75675×9

431	432	433	434	435
30467×5	60567×7	30875×5	25607×6	87565×7
87056×7	95015×9	25976×9	39456×7	79654×9

436	437	438	439	440
75075×9	13956×7	75675×8	93675×9	89765×9
69575×9	87594×9	67545×7	37577×8	79547×8

441	442	443	444	445
34564	25756	45675	545075	146075
×25	×26	×32	×34	×46

446	447	448	449	450
150295	189054	172545	175415	187545
×47	×53	×56	×57	×58

451	452	453	454	455
465494	670074	570549	640575	750494
×59	×62	×67	×73	×76

456	457	458	459	460
820759	915056	875675	289309	380809
×78	×87	×89	×95	×97

461	462	463	464	465
876545	756005	895425	789456	567879
×235	×315	×246	×345	×352

466	467	468	469	470
789409	567895	705465	756514	189015
×455	×472	×478	×479	×499

471	472	473	474	475
654725	506594	547277	654749	745675
×524	×546	×648	×795	×789

476	477	478	479	480
856754	780459	789405	945875	798095
×789	×879	×948	×897	×987

481	482	483	484	485
2544.	5456.	6754.	7845.	8675.
×5,25	×7,75	×9,79	×12,24	×25,74

486	487	488	489	490
7947.	87054.	97675.	3245.	5498.
×28,76	×35,75	×75,45	×79,125	×85,624
491	492	493	494	495
3945,28	789,425	595,425	654,725	785,25
×7,29	×7,25	×9,127	×7,245	×9,255
496	497	498	499	500
675,175	725,225	875,355	945,229	815,258
×24,255	×25,125	×25,252	×24,255	×28,975

PROBLÈMES SUR LA MULTIPLICATION

501. — Un marchand de moutons en a vendu 54 à raison de 18 fr. l'un. Quel est le montant de sa vente ?

502. — Il y a vingt-quatre heures dans un jour, 7 jours dans une semaine, 365 jours dans une année. Combien d'heures : 1° dans une semaine ; 2° dans une année ?

503. — L'heure vaut 60 minutes. Combien de minutes : 1° dans un jour; 2° dans une semaine ; 3° dans une année ?

504. — La minute vaut 60 secondes, combien de secondes dans un jour ?

505. — Un ouvrier gagne 3 f. par jour. Que gagnera-t-il dans 24 jours ?

506. — Dans une salle de classe il y a 8 tables et chaque table contient 8 élèves. Combien d'élèves dans la classe ?

507. — Un appartement a 12 croisées et chaque croisée a 8 carreaux. Combien de carreaux dans l'appartement ?

508. — Un commis gagne 90 f. par mois. Que gagne-t-il dans un an ?

509. — Un mètre d'étoffe coûte 18 f. Que coûtent 15 mètres de cette étoffe ? 1 kilog. de café coûte 3 fr. Que coûtent 25 kil. de ce café ?

510. — Trois héritiers en se partageant un héritage ont eu chacun 1215 fr. Quelle est la valeur de l'héritage ?

511. — Un ouvrage se compose de 460 pages, chaque page contient 30 lignes. Combien de lignes dans cet ouvrage?

512. — Un piéton parcourt 1500 mètres à l'heure; il met 4 heures pour aller d'une ville à une autre. Quelle est la distance qui sépare ces deux villes?

513. — Dans un carré de salade il y a 16 rangs, chaque rang contient 30 salades. Combien de salades dans le carré?

514. — Dans un champ il y a 70 sillons de choux, chaque sillon en contient 272. Combien de choux dans ce champ?

515. — Quel est le nombre 75 fois plus grand que 158?

516. — Une ménagère a vendu 8 douzaines d'œufs à 1 fr. 10 c. la douzaine. Combien doit-elle recevoir?

517. — Que coûtent 4 douzaines de mouchoirs à 1 f. 50 le mouchoir?

518. — Un domestique a laissé entre les mains de son maître ses épargnes de 12 ans. On veut savoir ce qu'il possède au bout de ce temps, sachant qu'il a économisé 240 f. par an?

519. — Combien faut-il payer à un journalier qui a fait dans une année 125 journées à 2 f. et 175 à 2 f. 50?

520. — Combien de jours a vécu un enfant de 7 ans (on comptera une année bissextile)?

521. — Une personne dépense 2 f. 75 dans une journée. Que dépense-t-elle dans une année?

522. — Combien recevra-t-on pour 32 hect. de blé vendu 22 f. l'hectolitre?

523. — On vend 175 fagots de bois à 0 f. 265 le fagot. Combien recevra-t-on?

524. — Une personne gagne 2 f. 75 par jour, que gagnera-t-elle dans une semaine, la semaine de travail étant de 6 jours?

525. — Combien payera-t-on au boulanger pour 15 pains de 2 kilog. à raison de 0 f. 42 le kilog?

526. — Combien payera-t-on d'impôts sur un revenu de 675 francs, si le centime le franc est de 0 f. 2214 ?

527. — A 13 f. l'are, que vaut un champ de 75 ares?

528. — On a vendu 45 stères de bois à 8 f. 75 l'un. Combien a-t-on reçu ?

529. — J'ai acheté 14 fûts de chacun 220 litres à 0 f. 25 le litre, combien dois-je ?

530. — Trois journaliers gagnent chacun 2 f. 50 par jour, on les emploie pendant 35 jours. Que leur doit-on ?

531. — Un épicier a vendu 3 pains de sucre pesant chacun 12 k. 5 à 1 fr. 50 le kilogr. Combien a-t-il reçu ?

532. — Combien coûteront 45 pieds d'arbre, si le pied coûte 78 f. 50 ?

533. — Un fermier a vendu 75 hectolitres de colza à raison de 28 fr. 50 l'hectolitre. Combien doit-il recevoir ?

534. — Pour faire un plancher, un menuisier emploie 34 planches valant chacune 3 fr. 50. Il est payé en outre à raison de 0 f. 40 par planche. Combien payera-t-on au menuisier pour établir ce plancher ?

535. — Dans une coupe de bois qu'il a prise à exploiter, un particulier est parvenu à faire 205 stères de rondins qu'il vend à raison de 4 f. 30 le stère. Combien recevra-t-il pour le tout ?

536 — Quel est le poids de 148 pièces de 5 francs en argent, 1 f. pesant 5 grammes ?

537. — Un marchand de bois achète 18 chênes à 45 fr. l'un ; 15 frênes à 14 f. 50 et 46 cerisiers à 2 f. 85 l'un. Combien doit-il payer ?

538 — Une fermière vend 17 kil. 5 de laine de brebis à 3 f. 15 l'un et 12 kil. de laine d'agneau à 2 f. 85 l'un. Combien doit-elle recevoir ?

539. — Que coûtent 15 l. 5 d'eau-de-vie à 2 fr. 25 l'un?

540. — Un journalier fait 8 mètres de fossés en un jour : combien 12 ouvriers en feront-ils de mètres dans 5 jours ?

541. — Un bûcheron a fait 495 fagots dans sa semaine à raison de 0 f. 0275 l'un. Combien a-t-il dû recevoir ?

542. — Un cultivateur a récolté 724 gerbes qui ont donné chacune 9 litres de blé. Quel est le rendement total ?

543. — J'achète 20000 kilog. de fumier à raison de 10 f. les 1000 kilogr., je donne en paiement 30 quintaux de betteraves à 2 fr. l'un ; avec quelle somme finirai-je de payer ce fumier ?

544. — Un colonel a fait distribuer 80 cartouches à chacun de ses soldats. Quel est le nombre de cartouches distribuées, sachant que son régiment se compose de 4 bataillons de 550 hommes chacun ?

545. — Un entrepreneur emploie 45 ouvriers qu'il paye 3 fr. 75 par jour. Quelle somme lui faudra-t-il pour les solder à la fin d'une semaine ?

546. — Le son parcourt environ 340 mètres par seconde. A quelle distance d'un chasseur se trouve une personne qui voit la fumée du coup de fusil 4 secondes avant d'entendre le coup ?

547. — La lumière parcourt environ 78000 lieues par seconde. Quelle distance parcourt-elle en quinze minutes ?

548. — 4 journaliers ont mis 8 jours pour faucher une prairie, combien l'un d'eux mettrait-il s'il était seul pour faucher cette prairie ?

549. — 6 ouvriers travaillant 10 heures par jour ont mis 12 jours pour faire un ouvrage. Combien ont-ils employé d'heures ?

550. — Une fontaine fournit 15 litres d'eau dans une minute. Combien en fournira-t-elle de litres dans un jour de 24 heures ?

551. — Le pont de Bordeaux a 17 arches, chacune a 28 m. 60, y compris la largeur des piles. Quelle est la longueur de ce pont ?

552. — Dans un arsenal on compte 115 piles de boulets ; chacune en contient 3236. Quel est le nombre des boulets réunis dans cet arsenal ?

553. — Un fermier vend 2 bœufs à 636 francs l'un, deux autres à 425 f. l'un, 4 vaches à 225 chacune, 8 veaux à 60 f. l'un, 16 moutons à 21 f. l'un. Il donne à son maître la somme qu'il reçoit de ces ventes et il redoit encore 875 f. sur son prix de ferme. Combien afferme-t-il la propriété qu'il fait valoir ?

554. — Ma sœur achète 2 paires de bas à 1 f. 10 la pièce, 3 autres paires à 2 f. 40 l'une. Elle donne au marchand une pièce de 20 francs. Combien ce dernier doit-il lui remettre ?

555. — Une maison a 16 croisées de 8 carreaux chacune. Combien de carreaux dans cette maison et combien payera-t-on au vitrier qui les a posés à raison de 0 f. 80 la pièce ?

556. — Une fermière a 36 poules, 6 canes, 8 oies et 6 dindes; chaque poule pond en moyenne 50 œufs dans un an, une cane 32, une oie 15 et une dinde 24. On mange dans la ferme en moyenne une douzaine d'œufs par semaine; on demande combien la fermière aura pu vendre d'œufs ?

557. — Une personne a acheté 6 mètres de drap à 12 f. l'un, 45 de toile à 2 f., 6 de doublure à 1 f. 20. Faites sa facture ?

558. — Un épicier achète une caisse de savon pesant 165 kilog. à 0 f. 85 l'un, 24 kilog. de café à 3 f. 20 le kilog., 125 kilog. de sucre à 1 f. 50, 3 kil. de poivre à 2 f. 40. Faites sa facture ?

559. — 1 kilog. de blé peut donner 1 kil. de pain; combien fera-t-on de kil. de pain avec la farine de 5 hectolitres de blé, l'hectolitre pesant 75 kil. ?

560. — Un marchand qui a acheté 60 hectol. de vin à 22 f. l'hectol., en vend 35 à 24 f. et gagne 50 f. sur le reste. Quel est son gain total ?

561. — Quel est le poids d'une cuve pleine d'eau, sachant que vide, elle pèse 12 kilogrammes et que pleine, elle pèse 7 fois et demie plus ?

562. — Une roue fait 18 tours par seconde, combien fera-t-elle de tours dans 3 heures 20 minutes 4 secondes ?

563. — Une bibliothèque contient 80 rayons, 50 de ces rayons contiennent chacun 80 volumes, les autres 75. Combien de volumes dans cette bibliothèque ?

564. — Un boucher a tué dans une semaine un bœuf qui a fourni 380 kilog. de viande, 2 veaux qui ont donné chacun 40 kilog., 5 moutons qui en ont donné chacun 30 kilog. Combien a-t-il vendu de kil. de viande dans cette semaine ?

565. — Un négociant achète 60 hectolitres de blé à 22 f. 15 l'hectol., il revend l'hectolitre avec un bénéfice de 1 f. 35. Quel prix a-t-il revendu le tout et quel est son gain total ?

566. — Un marchand de vin a dans son chais 50 hectol. de vin revenant à 27 f. l'un et 58 revenant à 19 f. l'un. Combien doit-il vendre le tout pour gagner 500 francs ?

567. — Un fermier achète 17 moutons à 19 f. 50 l'un ; 6 bœufs à 750 f. la paire et 3 vaches à 245 f. l'une ; il ne paye que 2475 f. Combien lui reste-t-il à payer ?

568. — Une servante vend au marché 13 douzaines d'œufs à 0 f. 85 la douzaine ; 8 poulets à 3 f. 50 le couple ; 2 canards à 2 f. 15 l'un, elle rapporte 15 f. 60. Combien a-t-elle dépensé ?

569. — Un tisserand a fait une pièce de toile de 48 m. à 0 f. 90 le mètre. Que lui est-il dû ?

570. — On a tiré d'un chêne 32 madriers estimés 3 f. 50 l'un ; 15 planches valant en moyenne 1 f. 25 ; 2 stères de rondins à 12 f. l'un, et pour 14 f. 50 de copeaux et menu bois. Quelle est la valeur de ce chêne ?

571. — 4 journaliers ont fauché ensemble pendant 3 semaines. Dire combien ils ont gagné chacun et combien en tout, sachant qu'ils gagnaient 3 f. 25 par jour et qu'ils ne travaillaient pas les dimanches ?

572. — Un boulanger a fourni au bureau de bienfaisance 68 pains de 6 kilog. à raison de 0 f. 35 le kilog. Que lui est-il dû ?

573. — Un journalier a creusé pour le compte d'un propriétaire 495 m. 50 de fossés pour clore un champ. On l'a payé 0 f. 40 le mètre courant, combien a-t-il dû recevoir ?

574. — Un homme consomme journellement pour sa nourriture 1 f. 50, pour autres menues dépenses 0 f. 75. Il gagne 2 f. 90 par jour. Quels seront : 1° Son gain annuel ; 2° sa dépense ; 3° ses économies ?

575. — Une barrique de vin est estimée 25 f., on l'a fait distiller et on en retire 24 litres d'eau-de-vie qu'on vend 1 f. 50 l'un ; on a donné au distillateur 0 f. 40 par litre. Quel est le bénéfice ?

576. — Mémoire d'un laboureur : Travaux faits pour M. Leroy en 1876 :

    1° 4 charrois de foin à 1 f. 50 l'un ;

    2° 5 charrois de paille à 1 f. 25 l'un ;

    3° Labouré 46 ares de terre à 0 f. 95 l'are ;

        Total ?

577. — Un ouvrier gagne en moyenne 3 f. 25 par jour de travail. Combien gagnera-t-il dans une année, s'il ne travaille pas les 52 dimanches et 16 autres jours ? Et quelles seront ses économies, s'il dépense journellement 2 f. 40 ?

578. — J'ai acheté 12 douzaines de mouchoirs à 0 f. 90 l'un. Combien dois-je ?

579. — Un fermier a vendu 25 hectolitres de froment à 22 f. l'hectolitre, 16 hectolitres d'avoine à 12 f. 50 l'un, 12 hectolitres d'orge à 15 f. l'un. On lui donne un billet de 1000 f. Combien lui doit-on encore ?

580. — Un tisserand a fabriqué pour la même maison 36 mètres de toile fine à 0 f. 75 l'un ; 43 m. de grosse toile à 0 f. 50 l'un ; et 27 m. 50 de flanelle à 0 f. 80. Il a reçu 8 doubles décalitres de froment estimé 4 f. 75 le double. Combien lui doit-on d'argent encore ?

581. — Un fermier donne à son propriétaire 12 billets de 100 f., 12 de 50 f., 30 pièces de 20 f., 40 pièces de 10 f., 40 pièces de 5 f. Il doit encore à son maître sur son prix de ferme 500 f. Quel est ce prix de ferme ?

582. — Un autre fermier donne à son maître pour sa ferme 100 hectolitres de froment estimé 21 f. l'hect., 60 hectol. d'avoine à 11 f. 50 l'un, 100 kilog. de beurre à 2 f. 40 l'un, il donne encore 800 f. en argent. Combien afferme-t-il ?

583. — Une personne gagne 90 f. par mois ; elle économise 15 f. Quels seront au bout de l'année : 1° son gain ; 2° sa dépense ; 3° ses économies ?

584. — Un commis qui gagne 120 f. par mois, dépense 3 f. 25 par jour. Que gagne-t-il par an ? que dépense-t-il ? qu'économise-t-il ?

585. — Un ouvrier dépense 2 f. 45 par jour et il économise 40 f. par mois ; que gagne-t-il dans une année ?

586. — Un journalier gagne par jour 2 f. 50, sa femme 0 f. 75, son fils 1 f. 25. Quelle somme doivent-ils recevoir au bout de la semaine ?

587. — Un épicier achète 3 paquets de bougies de 6 au paquet à 1 f. 25 l'un, il revend la bougie 0 f. 25. Que gagne-t-il sur les trois paquets ?

588. — Le même épicier a acheté 6 kilog. de café à 3 f. 25 l'un, il a gagné 0 f. 25 par kil. Combien a-t-il revendu les 6 kilog. ?

589. — Un marchand a acheté 25 bœufs et 652 moutons ; chaque bœuf lui coûte 615 f. et chaque mouton 12 f. En revendant le tout il a gagné en moyenne 28 f. sur chaque bœuf et 3 f. sur chaque mouton. On demande : 1° Combien il a acheté tous ces bestiaux ; 2° combien il les a revendus ; 3° et quel est son bénéfice ?

590. — Un cheval a dépensé dans son année 1935 kilog. de foin, 879 kilog. de paille, 22 hectolitres d'avoine. En supposant que le foin ait coûté 0 f. 08, la paille 0 f. 045 le kilogr. et l'avoine 10 f. 5 l'hectolitre, on demande ce qu'a dû dépenser ce cheval pour sa nourriture ?

591. — A 0 f. 10 la boîte d'allumettes, que coûtera la grosse qui est de 12 douzaines ?

592. — 27 litres de lait donnent en moyenne 1 kil. de beurre et une bonne vache peut donner 6 litres de lait par jour ; on demande combien 2 vaches, dans ces conditions, produiront de kilogrammes de beurre par an ?

593. — Dans les mêmes conditions on demande combien de litres de lait donne une vache qui produit 72 kilog. de beurre par an ?

594. — On demande combien rapporte à son maître une vache qui produit 72 kilog. de beurre dans une année, à 2 f. 20 le kilog. ; un veau que l'on vend 60 f., le laitage est en outre estimé à 40 f. ; on sait de plus que cette vache dépense 160 f. pour sa nourriture?

595. — Un fermier achète 36 moutons à raison de 22 f. 40 l'un ; il les revend après quelques jours 24 f. 80 l'un. Que gagne-t-il sur ce lot de moutons ?

596. — Que doit débourser la personne qui achète de nouveau ce lot de moutons, à raison de 49 f. la paire, et quel est son bénéfice, si elle les revend elle-même avec un gain de 1 f. 50 par mouton ?

597. — Un menuisier occupe deux ouvriers ; il donne 3 f. par jour au premier et 3 f. 75 au deuxième; combien doit-il à chacun de ces ouvriers, s'ils ont travaillé pendant 26 jours ?

598. — Un sabotier a amené à la foire 106 paires de sabots, dont 48 paires de grands, 27 de moyens et 31 de petits. Il ne lui reste le soir que 7 paires de petits et 15 paires de grands. Il a vendu les grands 1 f. 40 la paire, les moyens 0 f. 90 et les petits 0 f. 60. Combien en a-t-il vendu de paires et combien a-t-il dû recevoir ?

599. — Une ménagère emporte au marché 6 douzaines d'œufs, 5 couples de poulets et 3 morceaux de beurre. Elle vend le beurre 1 f. 20 le morceau, les poulets 2 f. 75 la pièce et les œufs 0 f. 85 la douzaine. Elle achète ensuite 5 mètres de molleton à 2 f. 80 le mètre et deux bonnets à 1 f. 50 l'un. Que rapporte-t-elle du marché ?

600. — Combien coûtent 148 m. 75 de drap à 12 f. 75 le mètre ?

CHAPITRE V.

Division des nombres entiers.

D. — Qu'est-ce que la Division ?

R. — La division est une opération par laquelle on cherche combien de fois un nombre appelé dividende en contient un autre appelé diviseur. Le résultat de cette opération se nomme quotient.

D. — Comment reconnaît-on qu'il y a une division à faire dans un problème ?

R. — Règle générale, on reconnaît qu'il y a une division à faire dans un problème, lorsque l'énoncé donne le prix de plusieurs objets et que l'on veut avoir celui d'un seul.

D. — Quel est le signe de la division ?

R. — Le signe de la division est deux points (:), qu'on énonce divisé par et qu'on place entre les deux nombres devant le diviseur.

D. — Quelle règle suit-on pour faire la division des nombres entiers ?

R. — Pour faire la division des nombres entiers, on écrit le diviseur à la droite du dividende, on les sépare par un trait ; ensuite on tire une ligne sous le diviseur pour écrire au-dessous les chiffres du quotient à mesure qu'on les trouve. Cela fait, on prend sur la gauche du dividende général un nombre assez grand pour contenir au moins une fois le diviseur. On divise ce premier dividende partiel par le diviseur et on obtient le chiffre des plus hautes unités du quotient. On multiplie ensuite ce chiffre par le diviseur et on retranche le produit obtenu du premier dividende partiel. Cela fait, on abaisse sur la droite du reste le premier des chiffres séparés dans le dividende général, ce qui donne un deuxième dividende partiel qu'on divise par le diviseur, et on obtient ainsi le second chiffre du quotient, qu'on écrit à la droite du premier ; on multiplie ensuite ce chiffre par le diviseur et on retranche le produit obtenu du deuxième dividende partiel. On continue ainsi la division jusqu'à ce qu'il ne reste plus de chiffres à abaisser dans le dividende général. Chaque division partielle donne un chiffre au quotient, et ces chiffres écrits sous le diviseur, l'un à la droite de l'autre, à mesure qu'on les trouve, forment le quotient de la division.

EXEMPLES :

N° 1.		N° 2.		N° 3.	
552	24	47853	245	2789 27	786
48	23	245	195	2358	354,868
72		2335		4312	
72		2205		3930	
0		1303		3827	
		1225		3144	
		78		6830	
				6288	
				5420	
				4716	
				7040	
				6288	
				752	

Procédé pour opérer. N° 1. — Je prends deux chiffres à la gauche du dividende, et je dis :
| En cinq | Combien de fois deux ? | Deux fois. | Je pose 2 au quotient. Je dis ensuite : Deux fois quatre | huit | je pose 8. | Deux fois deux | quatre | je pose 4. | Après cela je retranche le produit 48 du dividende partiel 55. Je dis : huit ôté de quinze | reste sept | je pose 7 | et je retiens 1. Un et quatre | cinq | cinq ôté de cinq | reste zéro. | Cela fait, j'abaisse à la droite du reste 7, le chiffre 2 du dividende général ; puis je divise ce nouveau dividende partiel par le diviseur ; à cet effet, je dis : | En sept | combien de fois

deux ? | Trois fois. | Je pose 3 au quotient et je multiplie ensuite ce chiffre 3 par le diviseur, ce qui me donne 72 que j'écris sous le deuxième dividende partiel ; je fais ensuite la soustraction, et comme il n'y a plus de chiffres à abaisser dans le dividende général, l'opération est terminée. Le quotient cherché est 23.

Procédez de la même manière pour les n°ˢ 2 et 3.

D. — Comment fait-on la preuve de la division ?

R. — Pour faire la preuve de la division, on multiplie le quotient par le diviseur ; on ajoute à ce produit le reste de la division s'il y en a un ; et si la somme que l'on obtient est égale au dividende général, c'est que la division a été bien faite.

Division des nombres décimaux.

D. — Comment fait-on la division des nombres décimaux ?

R. — Pour faire la division des nombres décimaux, on rend le nombre des décimales égal dans le dividende et le diviseur, en ajoutant à celui des deux nombres qui en a le moins, les zéros nécessaires pour cela ; ensuite on opère comme sur les nombres entiers sans avoir égard à la virgule.

EXEMPLES :

N° 1.		N° 2.		N° 3.	
74,75	32,50	175,67	4,58	45.00	2,26
65 00	2,3	137 4	38,355	22 6	19
9 750		38 27		22 40	
9 750		36 64		20 34	
0		1 630		2 06	
		1 374		Preuve.	
		2 560		19	
		2 290		2,26	
		2 700		1 44	
		2 290		38	
		4 10		38	
				2 06	
3				45,00	

OBSERVATIONS. — Lorsque les élèves savent bien faire la division, ils peuvent se dispenser d'écrire les produits partiels, ce qui abrége l'opération.

Pour diviser un nombre entier par 10, par 100, par 1000, par 10000, etc., il suffit de séparer par une virgule, un chiffre, deux chiffres, trois chiffres, quatre chiffres, etc., sur la droite de ce nombre. Si le nombre est fractionnaire ou fraction, on recule la virgule d'un rang, deux rangs, etc., vers la gauche.

Exercices sur la Division.

601	602	603	604	605
3456	4025	3564	5675	13456
5	4	3	7	6
606	607	608	609	610
75056	81004	92056	75645	65604
8	9	7	6	5
611	612	613	614	615
85465	78540	67545	98456	19456
9	7	7	7	6
616	617	618	619	620
24956	39456	36004	47650	49705
8	9	9	9	8
621	622	623	624	625
320045	404456	560045	756005	890054
12	12	14	14	14
626	627	628	629	630
920045	930047	594567	469456	478945
14	17	15	16	16
631	632	633	634	635
330456	434567	424546	345045	407565
17	17	18	18	18
636	637	638	639	640
560045	470056	540556	564500	456705
19	19	19	20	20

641 535455	642 545657	643 554859	644 570045	645 585975
22	22	23	24	25
646 596065	647 616265	648 665445	649 676954	650 680065
26	27	28	29	30
651 364559	652 780475	653 790456	654 730456	655 747589
35	37	38	39	45
656 767445	657 790045	658 800456	659 820545	660 768546
48	49	50	52	54
661 745456	662 875456	663 887566	664 794504	665 74664
55	58	58	58	62
666 889456	667 797852	668 820456	669 945676	670 959656
65	72	75	82	92
671 867125	672 711325	673 595872	674 656565	675 654565
95	81	82	85	85
676 727105	677 715175	678 646567	679 665045	680 747565
94	95	96	97	98
681 256,456	682 354,675	683 4564,25	684 304,567	685 89,4567
95	98	92	91	98
686 3456,25	687 12345,27	688 21356,28	689 39004,25	690 25045,25
29	35	46	54	56
691 23045,31	692 123,645	693 38855,5	694 72504,15	695 9215,05
21,25	36,25	59,55	55,415	72,5
696 89045,15	697 9156,145	698 3945,215	699 95456,25	700 3945,715
71,155	70,10	75,5	36,415	3,155

PROBLÈMES SUR LA DIVISION

701. — J'ai acheté 16 hectolitres de seigle pour 225 fr. A combien me revient l'hectolitre ?

702. — 12 hectolitres de blé m'ont coûté 240 f., trouver le prix de l'hectolitre ?

703. — Si je mélange les 16 hectol. de seigle ci-dessus avec les 12 hectolitres de blé, combien coûtera le litre du mélange ?

704. — Pour faire 45 m. 80 d'un ouvrage, je suis payé 243 f. Combien me paye-t-on pour un mètre?

705. — Que coûte un bœuf, si 8 de même taille ont coûté 6435 f. ?

708. — 87 ares de terre ont coûté 3015 f. Que vaut l'are de cette terre ?

709. — 75 hectolitres de blé ayant coûté 1885 f., que vaut l'hectolitre de ce blé ?

710. — Combien y a-t-il d'années dans 7883 jours ?

711. — Dans 15 jours un boulanger a employé 2435 kilos de farine. Combien en emploie-t-il dans un jour ?

712. — Je gagne 1845 f. par an, combien par mois et par jour?

713. — Que vaut un sac de blé, si 215 sacs du même blé valent 4543 f. ?

714. — Une famille composée de 7 personnes dépense, par année, 2883 f. Combien dépense chaque personne ?

715. — 4 héritiers ont à se partager une succession d'une valeur de 8483 f. 75. Combien chacun aura-t-il ?

716. — Combien coûte 1 tuile, si le mille coûte 22 f. 40?

717. — Un bœuf tué, dépouillé et vidé, pesant 412 kilog., a été vendu 305 f. 80; à combien revient le kil. de viande ?

718. — 500 bottes de foin ayant coûté 60 f., combien coûteront 15 bottes du même foin ?

719. — Que valent les 100 kilos de froment, si 78 kilos coûtent 21 f. 50 ?

720. — Une barrique de vin contenant 128 litres a été vendue 40 f., que vaut le litre de ce vin ?

721. — Un père partage 54358 f. entre ses 3 enfants : quelle sera la part de chacun d'eux ?

722. — Que vaut 1 mètre de drap, si 537 mètres coûtent 12177 f. ?

723. — Combien trouvera-t-on de fois 0 f. 50 dans 500 f. ?

724. — 120 litres de pois verts ont été payés 46 f. 20. Combien vaut le litre ?

725. — 5 personnes doivent se partager 6375 f. Quelle sera la part de chacune ?

726. — Un ouvrier gagnant 650 f. par an, on demande ce qu'il gagne par mois, par semaine et par jour.

727. — 75 pieds d'arbres ayant coûté 450 f., on demande quel est le prix d'un pied d'arbre ?

728. — Un fermier vend 3750 litres de froment pour 782 f. 50. Quel est le prix du litre et de l'hectolitre ?

729. — Une famille dépense 945 f. par an, on demande combien elle dépense par mois, par semaine et par jour ?

730. — Quel est le prix d'un litre de vin, sachant que 460 litres ont coûté 90 f. 60 ?

731. — Un cochon tué et vidé, pesant 135 kilog., a été vendu 155 f. 50 ; quel est le prix du kilog. de viande ?

732. — On achète 46 m. 50 de toile pour 95 f. 30 ; quel est le prix du mètre ?

733. — Un fermier a récolté 5840 bottes de foin pour nourrir ses bestiaux pendant 1 an ; combien doit-il leur en donner de bottes par jour ?

734. — Un ouvrier a fait 2392 mètres de fossé en 95 jours. Combien a-t-il fait de mètres par jour ?

735. 458 hommes ont fait un ouvrage qui a été

payé 25427 f. Quelle somme revient à chacun d'eux ?

736. — Une personne vend 35 mille de foin pour 1842 f. 75. A combien revient le mille ?

737. — 485 moutons ayant coûté 9758 f. 80, quel est le prix d'un seul de ces moutons ?

738. — Je me suis acheté deux vêtements pour 128 f. Quel est le prix du mètre de drap, sachant qu'il est entré 6 m. 50 de drap dans les deux vêtements ? On ne compte ni la façon ni les doublures.

739. — Un propriétaire a vendu 123 h. 75 de blé pour 3155 fr. 20. Quel est le prix de l'hectolitre ?

740. — Un cultivateur vend le décalitre de pommes de terre 0 f. 60 ; il retourne chez lui avec 30 f. Combien a-t-il vendu de décalitres ?

741. — Quel est le prix du kilog. de sucre, quand 1200 kilos coûtent 1845 f. 30 ?

742. — Dire combien il y a d'années, de mois, de jours et d'heures dans 1964376 minutes.

743. — Combien faut-il de bouteilles de 0 l. 82 c. pour vider deux barriques contenant chacune 228 litres ?

744. — Dans un ménage de 7 personnes, la dépense annuelle est de 1645 f. Quelle est la dépense journalière de chaque personne ?

745. — Un oncle laisse la moitié de sa fortune à 6 neveux et l'autre moitié à 3 nièces ; quelle est la part de chaque neveu et de chaque nièce, en supposant la fortune de 42580 f. ?

746. — Un cultivateur revend 1125 f. 45 moutons qui lui ont coûté 22 f. chacun. Combien gagne-t-il sur chaque mouton ?

747. — Combien faudra-t-il de litres de blé pour ensemencer 43 ares 50 de terre, si on emploie 200 litres pour 100 ares ?

748. — Pour remplir une cuve d'une capacité de 344 litres, on se sert d'un seau d'une contenance de 8 litres ; combien de fois faudra-t-il vider le seau plein dans la cuve ?

749. — Un ouvrier a mis 10 journées à faire une armoire qu'il a vendue 95 f. Il a employé pour 34 f. de bois; combien a-t-il gagné par jour?

750. — Une barrique de vin a coûté 55 f. d'achat, 2 f. 50 de transport et 4 f. 75 de droits; elle contient 228 litres; quel est le prix du litre de ce vin?

751. — Un journalier achète un lot de bois pour 480 f.; il fait 92 stères de rondins, et ses frais d'exploitation s'élèvent à 112 f. Combien doit-il vendre le stère de rondins pour gagner 250 fr. sur son marché?

752. — Un aubergiste achète 16 barriques de vin contenant chacune 228 litres, à 45 f. la barrique; les droits s'élèvent à 12 f. par barrique. En vendant ce vin 0 f. 45 le litre, combien gagne-t-il en tout et par barrique?

753. — Un marchand de grains achète 215 sacs de blé pesant en moyenne 76 kil. 500 à 23 f. les 78 kilog. Combien doit-il débourser?

754. — 3 journaliers ont gagné ensemble 144 f.: le premier a travaillé 18 jours, le 2e 24 jours et le 3e 30 jours. Combien gagnaient-ils par jour, et combien chacun a-t-il reçu?

755. — Combien faut-il de pièces de 20 f. pour faire 1 kilog. de monnaie d'or, et quel est le poids d'une pièce de 20 francs?

756. — Un marchand de grains achète 215 sacs de blé pesant en moyenne 76 k. 500 à 23 f. 50 les 78 kil. Combien doit-il débourser?

757. — Un marchand de grains a acheté 84 hectol. de blé pesant ensemble 6,500 kilog. à 18 f. 25 l'hect. Il revend son blé à 19 f. 50 les 78 kilog. A-t-il gagné ou perdu sur son marché, et à combien s'élève son bénéfice ou sa perte?

758. — Un fermier a nourri pendant 6 mois un cochon qui lui coûtait 16 f. 50. L'animal a mangé 365 kil. de son qui coûtait 0 f. 08 le kilog. et 27 h. l. de pommes de terre à 3 f. 75. Il pèse au bout des 6 mois 138 kil. 500. A combien revient le kilog. de viande?

759. — Combien faudra-t-il de voitures chargées chacune de 835 kilog. pour enlever un tas de pommes de terre large de 2 m. 30, long de 4 m. 10 et haut de 1 m. 45, sachant que le mètre cube pèse 634 kilogr.?

760. — Un tanneur a vendu pour 1200 f. de cuir à 4 f. 50 le kilog. ; combien avait-il de kilog., et combien pouvait-il, avec le produit de sa vente, acheter de kilog. de peaux vertes à 1 f. 20 le kilog. ?

761. — Un sac contient 15 kil. 500 d'argent monnayé, quelle est la valeur de ce sac ?

762. — Un journalier a creusé, moyennant une somme de 185 f. 50, une fosse de 9 m. de long, 6 m. 50 de large et 2 m. 15 de profondeur. Combien était-il payé par mètre cube ?

763. — Ce journalier ayant passé 45 jours à faire cet ouvrage, combien gagnait-il par jour ?

764. — Un baril d'eau-de-vie de 47 litres a été payé 63 f. 45 ; l'acheteur désire savoir à combien lui revient le litre et combien il devra le revendre pour gagner 25 f. sur son marché ?

765. — Un marchand achète un tas de blé qui a 8 m. de long, 3 m. 50 de large et 1 m. 15 de haut, pour 604 f. A combien revient le mètre cube de ce blé ?

766. — Un domestique avait été gagé pour l'année entière moyennant 324 f. ; dire combien il gagne par jour, et combien son maître devra lui retenir s'il s'est absenté 35 jours dans l'année ?

767. — Je dois au boulanger 105 kilog. de pain à 0 f. 38 le kil. Je veux le payer avec du blé qui vaut 18 f. l'hectol. Combien devrai-je donner d'hectol. de blé ?

768. — Un journalier auquel un cultivateur doit 143 f. 50 demande en paiement du blé qui vaut 4 f. 75 le double décalitre. Combien le cultivateur devra-t-il lui donner d'hectolitres de blé ? Il faut 5 doubles décalitres pour faire un hectolitre.

769. — Combien avec 135 f. 80 pourra-t-on payer de douzaines de bonnets de coton qui coûtent 0 f. 75 la pièce, et combien restera-t-il ?

770. — Un domestique gagne 340 f. par an ; combien gagne-t-il par jour de travail ? (Il y a 300 jours de travail dans une année).

771. — Une charrette pouvant porter 1250 kilog. est chargée de 27 hectol. d'avoine et la charge est complète. Quel est le poids de l'hectol. d'avoine ?

772. — L'huile d'olive pèse 0 k. 912 le litre ; combien y a-t-il de litres dans un fût qui pèse 75 kilogr. et quelle somme pourra-t-on retirer de la vente de cette huile, sachant que le litre vaut 2 f. 45 ?

773. — Un tisserand a fait une pièce de toile de 86 m. 40. Combien pourra-t-on retirer de paires de draps de cette pièce, sachant qu'il faut 5 m. 80 pour chaque drap ?

774. — Si la pièce de toile ci-dessus vaut 400 f., quelle est la valeur du drap et de la paire ?

775. — Un fermier qui a 45880 kilos de foin nourrit deux vaches qui lui mangent en moyenne chacune 4 kil. 500 de foin par jour. Pour combien de jours a-t-il de la nourriture ?

776. — J'ai acheté une pièce de coton de 83 mètres pour faire des chemises ; sachant que j'ai payé la pièce 160 f., qu'il faut 3 m. 10 pour une chemise et que je paye 2 f. 45 de façon, à combien me revient chaque chemise ?

777. — Une barrique de bière coûte 38 f. et contient 115 litres. Combien pourra-t-on en tirer de bouteilles de 0 l. 66, et combien gagne-t-on si l'on vend la bouteille 0 f. 50 ?

778. — Un corps d'armée se trouve, à son point d'arrivée, avoir fait 75 lieues en 14 jours. Combien a-t-il fait de kilomètres par jour, sachant que la lieue vaut 4 kilom. ?

779. — Un volume in-18 a 454 pages. Combien a-t-il de feuilles ? (On sait qu'une feuille in-18 contient 36 pages).

780. — Le son parcourt 337 mètres par seconde ; au bout de combien de temps entendra-t-on un coup de canon tiré à 12445 mètres ?

781. — Un facteur rural parcourt en moyenne 35 kilomètres par jour ; combien lui faudrait-il d'années, de mois et de jours pour faire le tour de la terre, qui est de 40000000 de mètres ?

782. — Une pièce de drap de 124 mètres est destinée à faire des habits que l'on vend 75 f., sachant que le mètre de ce drap vaut 18 f., combien pourra-t-on

3.

avoir d'habits, et quelle sera la longueur du coupon restant ?

783 — Un marchand de vin met, dans une pièce de 415 litres, 45 litres d'eau. Il vend le vin ainsi obtenu 0 f. 45 le litre, et il l'avait payé 0 f. 52. Quel est son bénéfice ou sa perte par litre et sur toute la pièce ?

784. — Combien faudra-t-il de jours à un ouvrier qui gagne 4 f. par jour pour gagner 680 f. 50 ?

785. — 100 kilog. de blé rendent 78 kilog. de farine donnant 85 kilog. de pain. Quel poids de farine et de pain aura-t-on de 83 hectol. de blé pesant 75 kil. ?

786. — Une commune a une surface de 83000 mètres carrés et compte 13000 habitants. Combien a-t-elle de mètres carrés par habitant ?

787. — Un train qui parcourt environ 40 kilomètres à l'heure a une distance de 1345 kilomètres à parcourir ; au bout de combien d'heures sera-t-il arrivé à destination ?

788. — 5 personnes ont fait une entreprise et ont réalisé un bénéfice de 4500 f. La première prend le 1|4 de la somme, la 2e le 1|5e, la 3e le 1|3. Les deux autres se partagent le reste ; quelle est la part de chaque personne ?

789. — Quelle est la valeur d'une somme d'argent qui pèse 13 k. 450 ?

790. — Le paquet de bougie pesant 750 gr. se vend 1 f. 40. Quel est le prix d'un gramme de bougie, et quel est le prix d'une bougie sachant que le paquet en contient 6 ?

791. — Une personne qui achète 485 kilog. 500 de café, revend le kilogr. 2 f. 50 et réalise un bénéfice de 49 f. 50. Combien avait-elle acheté le kilog. ?

792. — Un bloc de pierre pèse 2845 kilog. Combien faudra-t-il de chevaux pour le traîner, si 1 cheval peut traîner 900 kilog. ?

793. — Quel est le prix de revient d'un stère de bois, sachant que 18 stères ont été achetés à raison de 10 f. le stère et que l'on a payé 15 f. 50 de frais de transport ?

794. — Un bœuf a consommé pendant qu'on l'engraissait 4840 kilog. de foin, il a gagné environ 105 kil. en poids. Combien a-t-il fallu de kilog. de foin pour produire 1 kilog. de viande ?

795. — Un ouvrier qui a fait un ouvrage en 18 jours en travaillant 7 heures par jour, a reçu 683 f. Combien était-il payé par heure ?

796. — La circonférence de la terre a 360 degrés et compte à peu près 40000 kilomètres. Quelle est la longueur du degré ?

797. — Un fermier qui paye 4055 f. de ferme et 148 f. d'impôts, cultive 96 hectares. Combien paye-t-il par hectare ?

798. — Le diamètre d'une pièce de 5 f. étant de 0 m. 037, on demande combien l'on pourrait mettre de pièces de 5 f. dans une longueur d'un kilomètre 547 mètres ?

799. — Quel nombre de pièces de 5 f. ayant 0 m. 0025 d'épaisseur, pourrait-on mettre en pile sur une hauteur de 8 m. 45 ?

800. — Combien faudrait-il de mulets portant 225 kilogr. pour porter les pièces de 5 f. qui, mises à se toucher feraient, en ligne droite, la moitié du tour de la terre ?

801. — On a acheté une pièce d'étoffe pour la somme de 175 fr. Si la pièce contenait 2 m. 50 de plus, on aurait de quoi faire 7 robes, et il faut 7 m. 50 pour faire une robe. Combien coûte le mètre d'étoffe ?

CHAPITRE VI.

Fractions ordinaires.

D. — Qu'est-ce qu'une fraction ordinaire ?

R. — Une fraction ordinaire est une ou plusieurs parties de l'unité partagée en un nombre quelconque de parties égales.

D. — De combien de termes se compose une fraction ordinaire ?

R. — Une fraction ordinaire se compose de deux termes placés l'un au-dessous de l'autre et séparés par un trait horizontal Ex. : $\dfrac{7}{12}$

D. — Comment s'appellent ces deux termes ?

R. — Le nombre inférieur s'appelle dénominateur, et le nombre supérieur, numérateur.

D. — Comment énonce-t-on une fraction ordinaire ?

R. — On énonce d'abord le numérateur, puis le dénominateur, auquel on ajoute la terminaison ième.

Ainsi 7/12 s'énoncent sept douzièmes,

8/9 s'énoncent huit neuvièmes.

Il n'y a d'exception à cette règle que pour les dénominateurs 2, 3 et 4, qui s'énoncent demi, tiers, quart.

D. — Est-il utile de connaître les fractions ordinaires ?

R. — Oui, mais ce n'est pas absolument indispensable ; lorsque l'énoncé d'un problème contient des fractions ordinaires, on les réduit en fractions décimales, en divisant le numérateur par le dénominateur, puis on opère comme pour les nombres décimaux.

EXEMPLE :

On a partagé 348 en deux parties dont l'une est 179 3/4 : quelle est l'autre ?

Je réduis 3/4 en fraction décimale en divisant le numérateur 3 par le dénominateur 4.

```
30 | 4
20 | ——
 0 | 0,75
```

J'obtiens 0,75 que je mets à la place de 3/4 et j'ai 179,75 que je retranche de 348.

```
 348,00
 179,75
 ——————
 168,25
```

RÉPONSE. — L'autre partie est 168,25.

AUTRE EXEMPLE :

On a fait en deux fois les 3/7 et les 4/9 d'un ouvrage ;

quelle portion de l'ouvrage reste-t-il à faire pour l'achever ?

Je convertis les deux fractions ordinaires en fractions décimales en divisant 3 par 7 et 4 par 9.

$$\begin{array}{r|l} 30 & 7 \\ 20 & \overline{} \\ 60 & 0,428 \\ 4 & \end{array} \qquad \begin{array}{r|l} 40 & 9 \\ 40 & \overline{} \\ 40 & 0,444 \\ 4 & \end{array}$$

Pour savoir quelle portion de l'ouvrage a été faite, j'additionne les deux nouvelles fractions :

$$\begin{array}{r} 0,428 \\ 0,444 \\ \hline 0,872 \end{array}$$

On a donc fait les 0,872 de l'ouvrage, c'est-à-dire que sur 1,000 parties on en a fait 872 ; pour savoir quelle portion il reste à faire, je soustrais 872 de 1000.

$$\begin{array}{r} 1000 \\ 872 \\ \hline 128 \end{array}$$

RÉPONSE : Pour achever l'ouvrage, il reste 0,128 à faire.

OBSERVATION. — Ce résultat n'est pas tout-à-fait exact, les divisions n'ayant pas été sans reste ; mais il est juste à quelques millièmes près.

Problèmes sur les Fractions ordinaires.

801. — Additionner les fractions suivantes : 2/5 + 3/4 + 7/9.

802. — On a fait les 2/5 et les 5/8 d'un ouvrage ; quelle partie de l'ouvrage a-t-on faite en tout ?

803. — Soustraire les fractions suivantes : 7/9 — 3/8.

804 — Trois fontaines coulant dans un bassin, pendant 1 heure, en remplissent, savoir : la 1re le 1/6, la 2e le 1/4 et la 3e les 2/5 ; quelle portion du bassin ont-elles remplie ?

805. — Une pièce de drap mesurait 45 m. 3/4 ; on en a vendu successivement 5 m. 1/2, 6 m. 1/5 et 22 m. 7/10 ; combien reste-t-il de mètres à vendre ?

806. — Additionner les nombres suivants : 4 1/5 + 6 2/3 + 9 3/11.

807. — Comb'en un commissionnaire doit-il faire de courses à 1 fr. 1/4 pour gagner 15 francs ?

808. — 90 personnes se sont partagé une somme de 445 fr 3/4 ; combien chacune d'elles a-t-elle reçu ?

809. — J'ai perdu 72 fr. 1/4 et il me reste 56 fr. 1/5 ; combien avais-je ?

810. — J'ai parcouru 120 kil. 1/2 et il me reste encore 18 kil. 3/4 à faire ; combien de kilomètres aurai-je parcouru, lorsque je serai rendu à destination ?

811. — J'ai acheté 1 m 3/4 d'étoffe à 3 fr. le mètre ; combien dois-je ?

812. — J'avais une pièce de drap de 42 m. 3/5 ; j'en ai vendu 5 m. 1/5 + 6 m. 1/4 + 7 m. 2/3 ; combien me reste-t-il de mètres à vendre ?

813. — Trouver la différence qui existe entre 1/4 et 1/5.

814. — Quelle est la différence entre les deux nombres suivants : 148 3 7 et 145 8/9 ?

815. — Victor a dans sa poche 5 fr. 5/8 ; son père lui donne 6 fr. 4/5 et sa mère 0 fr. 25 ; combien a-t-il ensuite ?

816. — J'avais 144 douzaines d'assiettes ; j'en ai vendu successivement : 6 douzaines 1/4, 17 douzaines 1/2 et 62 douzaines 3/4 ; combien en ai-je encore à vendre ?

817. — Combien coûteront 6 m. 3/4 de drap à 12 fr. 50 le mètre ?

818. — Multiplier 5 1/2 par 7 3/5.

819. — Que coûteront 146 m. 3/5 de toile à 2 fr. 1/5 l e mètre ?

820. — Quel est le produit de 17 1/8 par 16 1/2 ?

821. — Diviser 136 3/4 par 15 3/8.

822. — Je gagne 3 fr. 50 par jour ; combien me sera-t-il dû après 37 jours 3/4 de travail ?

823. — Une machine fait 15 tours 3/4 par seconde ; combien fait-elle de tours par minute ?

824. — Multiplier 445 3/9 par 846 5/7.

825. — La somme de deux nombres est 1246 et le plus petit 615 3/5 ; quel est l'autre ?

826. — Que faut-il ajouter à 7 3/4 pour faire 12 3/5?

827. — On a partagé 845 3/10 en deux parties ; l'une de ces parties est 246 3/5, quelle est l'autre?

828. — Diviser 454 3/8 par 16 1/5.

829. — Multiplier 142 1/5 par 124 1/4.

830. — De 44 1/2 ôter 27 3/7.

831. — Quelle est la fraction moindre que 3/5 de 1/4?

832. — Que faut-il ajouter à 52 1/2 pour avoir 76 3/4?

833. — Multiplier 3/4 par 42.

834. — Multiplier 12 par 3/5.

835. — Multiplier 2/3 par 3/7.

836. — Diviser 1/5 par 2.

837. — Diviser 36 par 1/5.

838. — Quel est le produit de 52 par 2 3/5?

839. — Un ouvrier a travaillé pendant 25 jours 3/4 à raison de 2 fr. 1/2 par jour ; qu'a-t-il gagné?

840. — Mon livre de lecture a 71 pages 3/4 ; chaque page contient en moyenne 26 lignes 1/2 et 34 lettres par ligne ; combien y a-t-il de lettres en tout?

841. — Que doit-on payer pour 245 volumes à 1 fr. 1/4 l'un?

842. Quelle est la longueur totale de 24 pièces de toile, si chaque pièce a 25 m. 2/5?

843. — Additionner les nombres suivants : 4 1/2 + 5 1/3 + 18 1/4 + 54 1/4.

844. — Quel est le prix de 125 rames 1/2 de papier à 5 fr. 3/4 l'une?

845. — Un rentier dépense 6 fr. 3/5 par jour; dites ce qu'il dépense en 45 jours 1/2.

846. — 3 bottes 1/2 d'asperge ont coûté 5 fr. 1/4 ; quel est le prix d'une botte?

847. — Diviser 10 1/2 par 3 1/2.

848. — Diviser 145 par 3/4.

849. — Quel est le produit de 34 1/2 par 5 3/4?

850. — Quel est le nombre qui, augmenté de 42 3/4, vaut 54 1/2?

851. — Quel est le nombre 42 fois plus grand que 7 1/5?

852. — Quel est le nombre 6 fois plus petit que 72 3/4 ?

853. — Quel est le nombre 9 fois plus petit que 145 3/4 ?

854. — Quel est le total des nombres suivants : 2 1/2 + 5 3/4 + 19 1/5 + 3/7 ?

855. — Ranger par ordre de grandeur croissante les fractions suivantes : 2/3, 5/8, 4/9, 5/8.

856. — Ranger par ordre de grandeur décroissante les fractions 2/5, 1/2, 5/8, 7/10, 9/11.

857. — Quel est le nombre qui, diminué de 36 3/5 devient 24 1/2 ?

858. — Trouver le prix de 14 douzaines 1/2 de crayons à 1 fr. 1/4 la douzaine.

859. — Jules avait 24 fr. 3/4 dans sa bourse ; il vient de dépenser 5 2/5 ; combien lui reste-t-il ?

860. — Combien coûtent 145 hectolitres 3/5 de froment à 19 fr. 2/5 l'hectolitre ?

861. — Quel est le prix de 15 stères 3/4 de bois à 12 fr. 50 le stère ?

862. — Quel bénéfice réalisera-t-on sur la vente de 245 m. 3/4 de drap en gagnant 1 fr. 3/8 par mètre ?

863. — Le kilog. de poivre coûtant 6 fr. 2/5, combien coûteront 22 kilog. 3/4 de poivre ?

864. — En ajoutant un nombre à 7 3/5 on a obtenu 9 3/7 ; quel était ce nombre ?

865. — Au lieu de la fraction 3/5 on a pris la fraction 3/4, quelle est l'erreur qu'on a commise ?

866. — Un escalier dont la hauteur totale est de 22 m. 3/4, a des marches de 1/5 de mètre de hauteur ; combien en a-t-il ?

867. — J'ai acheté une pièce d'étoffe à 19 fr. 1/4 le mètre, et je gagne 150 francs en la revendant 22 fr. 3/4 le mètre ; dites la longueur de la pièce ?

868. — Diviser 345 3/7 par 56 3/8.

869. — Multiplier 12 3/7 par 5 5/8.

870. — Combien coûtent 25 kil. 3/4 d'huile à 0 fr. 78 c., le kilog ?

871. — Combien me resterait-il sur 124 fr. 3/8 si je payais une dette de 16 fr. 3/5 ?

872. — Combien faut-il de mètres de drap à 12 fr. 1/4 le mètre pour payer 342 mètres de toile à 6 fr. 1/5 le mètre ?

873. — Soustraire 246 3/8 de 541 3/5.

874. — Faire la somme des nombres suivants 6 1/4 + 5 1/2 + 7 3/5.

875. — Je devais 345 fr. 3/4 ; j'ai donné à valoir 75 fr. 3/5 ; combien dois-je encore ?

876. — Le kilog. de cire vierge coûte 6 fr 1/4, combien en aurait-on pour 72 fr. ?

877. — Une paire de bretelles coûte 1 fr. 1/4 ; combien en aurait-on de paires pour 45 francs ?

878. — J'achète 28 cravates à 1 fr. 2/5 la pièce et je les revends 1 fr. 7/8 ; dites quel est mon bénéfice ?

879. — Diviser 3/8 par 2/5.

880. — Un cabriolet franchit en 1 heure 45 minutes une distance de 4 kilomètres 3/4 ; quelle est sa vitesse par minute ?

881. — A combien revient le mètre de drap, si pour 827 fr 3/4 on en a eu 55 mètres ?

882. — Faire le total des nombres suivants : **41 1/2** + 5 1/4 + 81 3/5 + 8/9.

883. — Multiplier 32 1/2 par 29 1/4.

884. — Diviser 641 1/5 par 150 2/5.

885. — 2 m. 3/4 d'étoffe ont coûté 2 fr. 75 ; quel est le prix du mètre de cette étoffe ?

886. — Quel est le prix d'un mètre de soie si 22 mètres 3/4 ont coûté 352 francs ?

887. D'une pièce de drap de 36 mètres 1/2 on a enlevé un morceau de 6 m. 3/4 ; combien reste-t-il ?

888. — Une pièce d'étoffe a été partagée en 2 portions, l'une de 15 m. 3/5 et l'autre de 17 1/5 ; quelle était la longueur totale de la pièce ?

889. — Un cordonnier vend, en moyenne, 95 paires de souliers par jour ; quel est son bénéfice sur la vente d'une année. s'il gagne 2/5 de francs par paire ?

890. — Retrancher 75 3/5 de 96 4/9.

891. — Retrancher 14 7/8 de 31 2/3.

892. — Un laboureur trace 21 sillons 3/5 par heure, combien lui faudra-t-il d'heures pour tracer 454 sillons?

893. — Faire le total des nombres 7 1/4 + 5 1/5 + 7 8/9 + 9 4/13.

894. — Retrancher 3/4 de 8/9.

895. — Retrancher 3/7 de 8 unités.

896. — Combien coûtent 3/4 de mètre de drap à 12 fr. 50 le mètre?

897. — Combien y a-t-il de minutes dans une semaine et demie?

898. — 3 hectares 3/4 de terre coûtent 524 fr.; quel est le prix de l'hectare?

899. — Pour un fr. 1/5 on a 0 m. 75 de ruban; quel est le prix du mètre?

900 — Je dois à mon boulanger 242 pains de 1 kil. 1/2, dont la moitié à 0 fr. 35 et le reste à 0 fr. 38 le kilog; quelle somme doit-il recevoir?

CHAPITRE VII.

SYSTÈME MÉTRIQUE.

Définitions préliminaires.

D. — Qu'est-ce que mesurer une grandeur?

R. — Mesurer une grandeur, c'est chercher combien de fois cette grandeur en contient une autre de même nature prise pour unité.

D. — Qu'appelle-t-on unité?

R. — On appelle Unité la grandeur qui sert à mesurer toutes celles de même nature.

D. — Combien faut-il d'unités pour mesurer toutes les grandeurs?

R. — Puisque l'unité doit être de même espèce que la grandeur à mesurer, il faut évidemment autant d'unités qu'il y a de grandeurs d'espèces différentes.

D. — Combien distingue-t-on d'espèces de grandeurs?

R. — On distingue six espèces de grandeurs: 1° les longueurs; 2° les surfaces; 3° les volumes; 4° les capacités; 5° les poids; 6° les monnaies.

Il y a conséquemment six unités principales de mesure.

D. — Qu'est-ce que le système métrique ?

R. — Le Système métrique est l'ensemble des unités de mesure usitées en France.

On l'appelle aussi Système légal des Poids et Mesures, légal, parce qu'il est le seul reconnu par la loi ; des poids et mesures à cause des unités de longueur et de poids qui sont les plus importantes du Système.

On le nomme encore Système décimal, parce que les mesures sont de dix en dix fois plus grandes ou plus petites les unes que les autres.

D. — Combien avons-nous d'unités principales de mesure ?

R. — Ainsi que nous l'avons dit plus haut, nous avons six unités principales de mesure :

1° Le Mètre, unité pour les mesures de longueur ;

2° L'Are, unité pour les mesures agraires ;

3° Le Stère, unité pour les bois de chauffage ;

4° Le Litre, unité pour les mesures de capacité ;

5° Le Gramme, unité pour les mesures de poids;

6° Le Franc, unité pour les monnaies.

D. — De quelle mesure est-on convenu de faire dépendre les autres ?

R. — On est convenu de faire dépendre du Mètre toutes les autres mesures et de n'admettre que des multiples et des sous-multiples assujettis à la loi décimale.

D. — De quoi est-on convenu pour nommer les multiples et les sous-multiples ?

R. — Pour nommer les multiples, on est convenu d'ajouter au nom de l'unité principale les mots Déca, qui signifie dix ; Hecto, cent ; Kilo, mille; Myria, dix mille.

Pour les sous-multiples, on ajoute au nom de l'unité principale les mots Déci, qui signifie dixième ; Centi, centième ; Milli, millième.

Mesures de Longueur.

D. — Quelle est l'unité des mesures de longueur ?

R. — L'unité des mesures de longueur est le Mètre,
qui équivaut à la dix-millionième partie du quart du
méridien terrestre.

D. — Qu'est-ce que le méridien ?

R. — Le méridien est un grand cercle tracé en pen-
sée sur la surface de la terre et qui passe par les deux
pôles. Il vaut 40 millions de mètres.

OBSERVATION. — Nous engageons MM. les Instituteurs à dessiner, sur le tableau noir, une sphère représentant la terre, et à faire voir à leurs élèves ce
qu'on appelle pôles, méridien, équateur, etc.

Le tableau suivant contient les noms et les valeurs des
multiples et des sous-multiples du Mètre.

SOUS-MULTIPLES.	UNITÉ PRINCIPALE.	MULTIPLES.
Décimètre.... 0,1		Décamètre. 10 mètres
Centimètre 0,01	Mètre 1	Hectomètre. 100 —
Millimètre.... 0,001		Kilomètre. 1000 —
		Myriamètre 10000 —

D. — Qu'est-ce que la chaîne d'arpenteur ?

R. — La chaîne d'arpenteur n'est autre chose qu'un
décamètre ou dix mètres.

D. — Qu'est-ce que la lieue ?

R. — La lieue est une ancienne mesure qui équivaut
à 4 kilomètres.

OBS. — Il importe que les enfants connaissent bien
le Mètre et ses subdivisions avant de passer aux mesu

res de superficie. Nous engageons MM. les Instituteurs à inviter leurs élèves à apporter à l'école chacun une gaule bien droite. Ils leur mettront alors un mètre entre les mains, et leur feront couper ces gaules de la longueur juste du mètre ; puis les élèves partageront leur bâton d'un mètre en 10 parties égales, ce qui leur donnera le décimètre ; ils partageront de même le décimètre en 10 parties égales, ce qui leur donnera le centimètre, et enfin le centimètre en 10 parties égales, ce qui leur donnera le millimètre. Deux ou trois exercices de ce genre suffiront pour donner aux élèves une idée exacte du mètre et de ses subdivisions.

Mesures de Superficie.

D. — Qu'est-ce que mesurer une surface?

R. — Mesurer une surface, c'est chercher combien de fois cette surface en contient une autre prise pour unité.

D. — Quelle est l'unité principale des mesures de surface?

R. — L'unité principale est le Mètre carré.

D. — Qu'appelle-t-on carré ?

R. — On appelle carré une figure qui a quatre côtés égaux également inclinés les uns sur les autres.

D. — Qu'est-ce que le mètre carré ?

R. — Le mètre carré est un carré qui a un mètre pour côté.

Toutes les mesures de superficie sont des carrés qui ont pour côté des unités de longueur.

D. — Comment se forment les noms des mesures de superficie ?

R. — Les noms des mesures de superficie se forment d'après la règle déjà connue.

Chaque mesure est cent fois plus grande que celle qui la précède immédiatement. Ainsi le mètre carré vaut 100 décimètres carrés ; le décimètre carré 100 centimètres carrés ; le centimètre carré 100 millimètres carrés, etc.

DÉMONSTRATION.

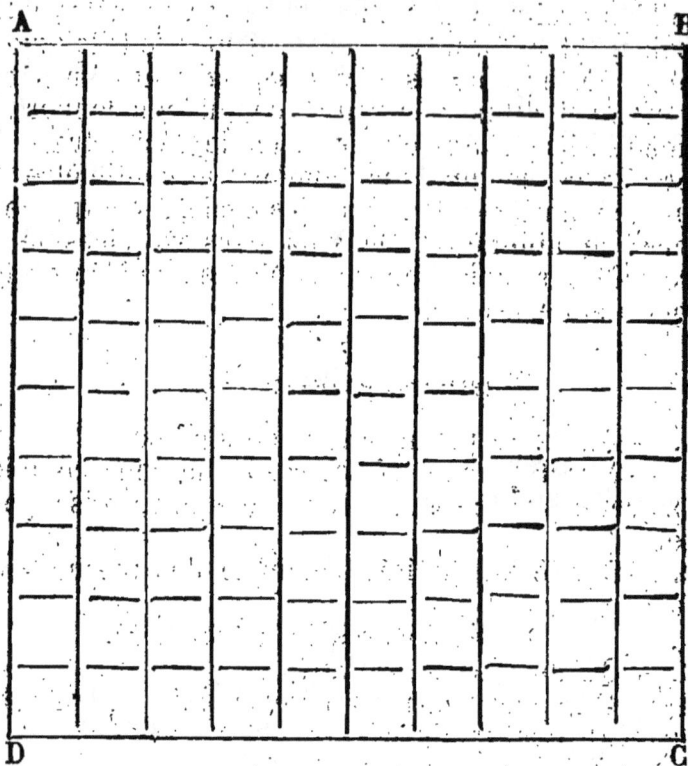

En effet, supposons que le carré ci-dessus A B C D ait 1 mètre de côté et partageons chacun des quatre côtés en dix parties égales, ce qui donnera par conséquent des décimètres. Joignons ensuite deux à deux les points de division correspondants des côtés opposés, de manière à former de petits carrés qui ont tous un décimètre de côté, et qui sont alors des décimètres carrés. Il est facile de voir qu'il y en a 100, puisqu'il y a 10 bandes horizontales et que dans chaque bande il y a 10 décimètres carrés.

On prouverait de même que le décimètre carré vaut 100 centimètres carrés, que le centimètre carré vaut 100 millimètres carrés, etc., et pareillement que le décamètre carré vaut 100 mètres carrés, etc.

D. — Que suit-il de là ?

R. — Il suit de là que le mètre carré vaut 100 décimètres carrés, 10000 centimètres carrés et 1000000 millimètres carrés.

D. — Que prend-on pour mesurer les champs ?

R. — Pour mesurer les champs, on prend habituellement le décamètre carré, auquel on donne un nom particulier : l'Are.

D. — L'are a-t-il plusieurs multiples et plusieurs sous-multiples ?

R. — L'are n'a qu'un multiple : l'Hectare, qui vaut 100 ares, et qu'un sous-multiple : le Centiare, qui est la centième partie de l'are, et équivaut au mètre carré.

UNITÉS DE SUPERFICIE.

SOUS-MULTIPLES	Unité principale.	MULTIPLES.
Décimètre carré 0,01	Mètre carré 1	Décamètre carré (are) 100 m. carrés
Centimètre carré 0,0001		Hectomètre carré (hectare) 10,000
Millimètre carré 0,000001		Kilomètre carré 1,000,000
		Myriamètre carré 100,000,000

D. — Que doit-on se rappeler pour lire ou écrire des nombres décimaux représentant des mesures de superficie ?

R. — Il faut toujours avoir présent à la mémoire les nombres du tableau précédent, lorsqu'on veut lire ou écrire des nombres décimaux représentant des mesures de superficie, ou quand on veut passer d'une unité à une autre. Il en résulte que si la partie entière représente des carrés, les centièmes représenteront des décimètres carrés ; les dix-millièmes des centimètres

carrés, et les millionièmes, des millimètres carrés.
Il en résulte aussi que pour écrire des décimètres, des
centimètres ou des millimètres carrés, il faudra 2, 4 ou
6 chiffres décimaux.

OBSERVATION. — Lorsque les élèves auront une
connaissance suffisante des mesures ci-dessus, MM.
les Instituteurs devront les exercer à mesurer les différentes figures de géométrie : carré, rectangle, triangle,
trapèze, etc

Mesures de Volumes.

D. — Qu'appelle-t-on volume d'un corps ?

R. — On appelle volume d'un corps, la portion d'espace occupée par ce corps.

D. — Qu'est-ce que mesurer un volume ?

R. — Mesurer un volume, c'est chercher combien
de fois il contient un autre volume pris pour unité.
Cette unité est habituellement le mètre cube.

D. — Qu'appelle-t-on cube ?

R. — On appelle Cube un solide qui a la forme
d'un dé à jouer, et dont les six faces sont des carrés
égaux.

D. — Qu'est-ce qu'un mètre cube ?

R. — Un Mètre cube est un cube dont les faces
sont des mètres carrés et dont les côtés sont d'un
mètre.

D. — Combien une unité de volume vaut-elle d'unités de l'ordre qui lui est immédiatement inférieur ?

R. — Une unité de volume vaut toujours mille unités
de l'ordre immédiatement inférieur. Ainsi, un mètre
cube vaut 1000 décimètres cubes; un décimètre cube,
1000 centimètres cubes; un centimètre cube 1000 millimètres cubes.

Le mètre cube vaut 1000 décimètres cubes. Pour le prouver, supposons une grande boîte cubique creuse d'un mètre de côté, qui sera, par conséquent un mètre cube; le fond de cette boîte sera un mètre carré que nous pourrons partager en 100 décimètres carrés. Nous pourrons donc imaginer 100 petits décimètres cubes occupant le fond de la boîte, chacun d'eux coïncidant par une de ses faces avec chacun des décimètres carrés du fond. Mais cette couche de 100 décimètres cubes n'occupera que la dixième partie de la hauteur de la boîte; nous pourrons donc en placer dix couches semblables les unes au-dessus des autres, et alors la boîte, entièrement remplie, contiendra 10 fois 100 ou 1000 décimètres cubes.

On prouverait de la même manière que le décimètre cube vaut 1000 centimètres cubes et que le centimètre cube vaut 1000 millimètres cubes.

OBSERV. — Nous engageons MM. les Instituteurs à former un décimètre cube avec 10 planchettes d'un décimètre carré de superficie et d'un centimètre d'épaisseur. Les deux faces principales de chaque planchette étant divisées par des lignes en 100 centimètres carrés, les élèves comprendront facilement que le décimètre cube vaut 1000 centimètres cubes, et par suite que le centimètre cube vaut 1000 millimètres cubes, et enfin, en remontant, que le mètre cube vaut 1000 décimètres cubes.

D. — Quelle mesure emploie-t-on pour mesurer le bois de chauffage?

R. — Pour mesurer le bois de chauffage, on emploie le Stère, qui n'est pas autre chose qu'un mètre cube.

D. — Combien le Stère a-t-il de multiples et de sous-multiples?

R. — Le Stère n'a qu'un multiple, le Décastère valant 10 stères, et qu'un sous-multiple, le Décistère qui est la dixième partie du Stère.

STÈRE.

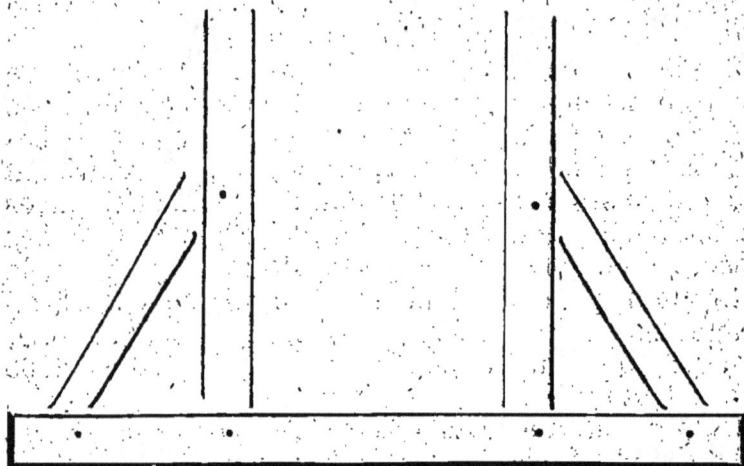

UNITÉS DE VOLUMES.

SOUS-MULTIPLES.	UNITÉ PRINCI-PALE.	MULTIPLES.
Décimètre cube 0,001	Mètre	Décamètre cube 1000 mèt. cubes
Centimètre cube 0,000001	cube 1.	Hectomètre cube 1000000
Millimètre cube 0,000000001	(Stère).	Kilomètre cube 1000000000
		Myriamètre cube 1000000000000

D. — Quand fait-on usage des multiples du mètre cube ?

R. — Il est rare que l'on ait à faire usage des multiples du mètre cube, si ce n'est dans l'expression des volumes des planètes.

D. — Que doit-on se rappeler pour lire ou écrire des nombres décimaux représentant des multiples ou des sous-multiples du mètre cube ?

R. — Pour lire ou écrire les nombres décimaux représentant des multiples ou des sous-multiples du mètre cube, il est indispensable de se rappeler les valeurs numériques inscrites au tableau précédent.

L'unité principale représentant des mètres cubes, il faut 3 chiffres pour représenter les décimètres cubes,

6 chiffres pour représenter les centimètres cubes et 9 pour représenter les millimètres cubes.

OBSERV. — Nous engageons MM. les Instituteurs à ficher en terre deux pieux placés à 1 mètre de distance et mesurant 1 mètre au-dessus du sol. Ils pourront ensuite inviter leurs élèves à entasser des bûches de un mètre de longueur entre ces pieux et lorsque le tas arrivera à leur niveau, il y aura un stère.

MM. les Instituteurs devront aussi, car c'est très-important, exercer leurs élèves à la cubature des différents solides, en commençant par les plus simples.

Mesures de Capacité.

D. — Qu'est-ce que mesurer une capacité?

R. — Mesurer une capacité, c'est comparer une contenance à une autre.

D. — Quelle est l'unité des mesures de capacité?

R. — L'unité des mesures de capacité est le Litre, qui équivaut à un décimètre cube, mais auquel on a donné la forme cylindrique plus commode pour transvaser les liquides.

D. — En quelle matière sont les litres et quelle est leur forme?

R. — Le litre qu'on emploie pour mesurer les matières sèches, telles que le blé, la farine, l'orge, etc., est en bois et sa hauteur est égale à son diamètre. Celui qu'on emploie pour mesurer les liquides, tels que le vin, l'eau-de-vie, etc., est en étain et sa hauteur est double de son diamètre.

UNITÉS DE CAPACITÉ.

SOUS-MULTIPLES.	UNITÉ PRINCIPALE	MULTIPLES.
Décilitre 0,1		Décalitre 10 litres
Centilitre.... 0,01	Litre 1.	Hectolitre 100 litres
Millilitre 0,001		Kilolitre 1000 litres

Mesures de Poids.

D. — Qu'est-ce que peser un corps ?

R. — Peser un corps, c'est chercher combien de fois son poids vaut un autre poids pris pour unité.

D. — Quelle est l'unité de poids ?

R. — L'unité de poids est le Gramme. C'est le poids de l'eau distillée contenue dans un centimètre cube.

D. — Quels multiples a-t-on ajoutés à la liste de ceux qu'on obtient avec les mots déca, hecto, kilo, myria ?

R. — Comme on a quelquefois à mesurer des poids considérables, on a ajouté deux multiples à la liste de ceux qu'on obtient avec les mots déca, hecto, kilo, myria : Ce sont le Quintal métrique et le Tonneau de mer. Le premier vaut 100 kilogrammes et le dernier en vaut 1000.

UNITÉS DE POIDS.

SOUS-MULTIPLES	UNITÉ PRINCIPALE	MULTIPLES.		
Décigramme.... 0,1		Décagramme	10	grammes
Centigramme... 0,01	Gramme 1.	Hectogramme	100	
Milligramme.... 0,001		Kilogramme	1000	
		Myriagramme	10000	
		Quintal métrique	100	kilogr.
		Tonneau de mer	1000	kilogr.

D. — Que résulte-t-il de la définition du gramme ?

R. — Il résulte de la définition du gramme que pour avoir le poids d'un volume d'eau, il suffit d'exprimer ce volume en centimètres cubes, et le nombre trouvé exprimera en grammes le poids de ce volume.

Si le volume était exprimé en décimètres cubes ou en litres, le poids serait représenté en kilogrammes.

Enfin, étant donné un poids d'eau en grammes ou en kilogrammes, le volume de cette eau sera représenté par le même nombre en centimètres cubes ou en décimètres cubes.

Monnaies.

D. — Quel métal emploie-t-on pour faire les monnaies ?

R. — Pour faire les monnaies on emploie l'argent, le cuivre et l'or.

D. — Quelle est l'unité des monnaies ?

R. — L'unité des monnaies est le Franc, pièce du poids de 5 grammes, formée d'un alliage d'argent et de cuivre. Jusqu'en 1866, la proportion du cuivre avait été de 1 partie contre 9 d'argent, c'est-à-dire que dans une pièce de 2 fr. par exemple, qui pèse 10 grammes, il y avait 1 gramme de cuivre et 9 grammes d'argent ; mais d'après une convention qui date de cette époque, il entre dans les pièces divisionnaires nouvelles 835 parties en poids d'argent pour 165 de cuivre, c'est-à-dire que le cuivre forme les 165 millièmes du poids de l'alliage et l'argent les 835 millièmes.

D. — Y a-t-il un nom particulier pour désigner les dizaines, les centaines de francs, etc. ?

R. — Il n'y a pas de nom particulier pour désigner les dizaines, les centaines, etc., de francs. On dit 10 f., 100 fr.

D. — Comment s'appellent les sous-multiples du franc ?

R. — Le dixième du franc s'appelle Décime ; le centième s'appelle Centime. On ne fait guère usage du mot décime. Ainsi, au lieu de dire : 5 décimes, on dit 50 centimes.

D. — La monnaie d'argent a-t-elle des poids faciles à retenir ?

R. — La monnaie d'argent a des poids faciles à retenir.

La pièce de 1 fr.　　pèse　5 grammes.
— 2 fr.　　　10　—
— 5 fr.　　　25　—
— 0 fr. 50　　2 grammes 1|2.
— 0 fr. 20　　1　—

D. — De quoi se compose la monnaie de cuivre et quelles sont les proportions de l'alliage ?

R. — La monnaie de cuivre est un alliage de 95 parties de cuivre, 4 d'étain et 1 de zinc. Elle a des poids également très-faciles à retenir :

La pièce de 1 centime pèse 1 gramme.
— 2 — 2 —
— 5 — 5 —
— 10 — 10 —

D. — Combien la monnaie de cuivre vaut-elle de fois moins que la monnaie d'argent ?

R. — A poids égal, la monnaie de cuivre vaut 20 fois moins que celle d'argent ?

D. — De quoi se compose la monnaie d'or et quelles sont les proportions de l'alliage ?

R. — La monnaie d'or est un alliage fait dans les proportions de 9 parties du métal précieux pour 1 de cuivre.

D. — Quelles sont les pièces de monnaie en or ?

R. — Les pièces de monnaie en or sont : la pièce de 5 fr., la pièce de 10 fr., la pièce de 20 fr., la pièce de 50 fr. et la pièce de 100 fr. Nous avons encore quelques pièces de 40 fr., mais elles doivent peu à peu disparaître ; on n'en fabrique plus à l'hôtel des Monnaies.

D. — Quel est le rapport de l'or à l'argent ?

R. — Le rapport de l'or à l'argent est de 15 1/2, c'est-à-dire que la monnaie d'or vaut à poids égal 15 fois 1/2 plus que la monnaie d'argent. Ainsi, par exemple, en monnaie d'argent 10 grammes valent 2 fr. et en monnaie d'or, ils valent $2 \times 15.5 = 31$ fr.

Il suit de là que si l'on voulait avoir le poids d'une pièce de 20 fr. par exemple, on dirait 20 fr. en argent pèsent 100 gram. ; en or, ils pèseront 15 fois 1/2 moins ou $\frac{100}{15,50} = 6$ gr. 452.

Ayant le poids de la pièce de 20 fr., il est facile d'obtenir le poids de toutes les autres pièces.

La pièce de 5 fr. pèse 1 gr. 613
— 10 3 226
— 20 6 452
— 50 16 129
— 100 32 258

TABLEAU DES MONNAIES EFFECTIVES.

NATURE DU MÉTAL.	VALEUR DES PIÈCES.	POIDS.	DIAMÈTRE.
ARGENT....	5 francs........	25 grammes..	37 millimètres
	2 francs........	10 — ..	27 —
	1 franc	5 — ..	23 —
	» 50 centimes..	2 1/2 — ..	18 —
	» 20 centimes..	1 — ..	15 —
BRONZE....	10 centimes.....	10 grammes..	30 millimètres
	5 centimes.....	5 — ..	25 —
	2 centimes.....	2 — ..	20 —
	1 centime	1 — ..	15 —
OR	100 francs........	32 gr. 258...	35 millimètres
	50 francs........	16 129...	28 —
	20 francs........	6 452...	21 —
	10 francs........	3 226...	19 —
	5 francs........	1 613...	17 —

D. — Les pièces de monnaie peuvent-elles servir pour mesurer les longueurs ?

R. — Au besoin, les pièces de monnaie peuvent servir pour mesurer les longueurs. Ainsi, on aura la longueur juste du mètre, en plaçant à la suite les unes des autres les pièces suivantes :

25 pièces de 20 fr. et 25 pièces de 10 fr. en or, ou 20 pièces de 2 fr. et 20 pièces de 1 fr. en argent, ou encore 40 pièces de 5 centimes en bronze.

Elles pourraient aussi servir pour peser les corps :

40 pièces de 5 fr. en argent pèsent 1 kilog.

100 pièces de 1 fr. pèsent 1|2 kilog.

D. — Comment doivent être faits les paiements ?

R. — Les paiements doivent être faits en pièces d'argent ou d'or. On ne peut forcer une personne à recevoir de la monnaie de bronze que pour l'appoint de la pièce de 5 fr.

D. — Les billets de banque ont-ils cours forcé ?

R. — Les billets de banque n'ont pas cours forcé, on peut les refuser.

D. — Que doit-on faire aux mesures avant de les livrer au public ?

R. — Avant d'être livrées au public, toutes les mesures doivent être vérifiées et marquées du poinçon de l'Etat, qui en garantit l'exactitude.

D. — Quelles sont les personnes chargées de vérifier et de poinçonner les mesures ?

R. — Les vérificateurs des poids et mesures sont chargés, chacun dans son arrondissement, de vérifier et de poinçonner les mesures.

D. — A quoi s'exposent les personnes qui emploient des mesures fausses ?

R. — Toute personne qui emploie des mesures fausses ou non vérifiées et poinçonnées conformément à la loi, est passible de l'amende ou de la prison et quelquefois de ces deux peines à la fois.

PROBLÈMES

Mesures de Longueur.

901. — Quel est le total des nombres suivants convertis en décimètres : 25 mètres, 32 mètres, 46 mètres, 75 mètres, 134 mètres ?

902. — Quel est le total des mêmes nombres convertis en centimètres ?

903. — Quel est le total des nombres suivants convertis en millimètres : 1 m. 25, 4 mètres, 7 m. 4, 134 mètres ?

904. — Convertir les nombres suivants en mètres et en faire ensuite le total : 146 décimètres, 1012 centimètres, 4540 millimètres, 3845 décimètres ?

905. — D'une pièce de drap de 44 mètres, on a vendu successivement 1 m. 50, 4 m. 90 et 14 m. 25 ; quelle quantité reste-t-il à vendre ?

906. — Combien coûteront 62 centimètres de soie à 7 fr. 20 le mètre ?

907. — 3 décimètres de drap ayant coûté 2 f. 40, combien vaut le mètre de ce drap ?

908. — Combien valent 146 mètres de toile à raison de 15 centimes le décimètre ?

909. — Combien pourra-t-on avoir de mètres de drap à 12 fr. le mètre, avec le prix de 4649 décimètres de toile vendue à raison de 2 f. 75 le mètre ?

910. — On a vendu pour 27 fr., 4 m. 50 d'une pièce d'étoffe mesurant 48 mètres ; combien vaut la pièce entière ?

Mesures de Superficie.

911. — Quel est le total des nombres suivants : 2 mètres carrés, 5 décimètres carrés, 8 mètres carrés 4 centimètres carrés, 12 mètres carrés 45 centimètres carrés, 24 mètres carrés 345 millimètres carrés ?

912. — Convertir les nombres suivants en millimètres carrés et faire ensuite le total de ces nombres : 6 mètres carrés 45 décim. carrés, 17 mètres carrés 15 centim. carrés, 28 mètres carrés 145 centim. carrés, 122 mètres carrés 9 décim. carrés.

913. — D'un jardin d'une contenance de 625 mètres carrés 45 décimètres carrés, on a pris pour les allées et pour une fosse 90 mètres carrés 56 millimètres carrés ; quelle quantité de terrain reste-t-il pour la culture ?

914. — Le jardin de mon voisin a 745 mètres carrés 32 décim. carrés de superficie, et le mien 546 mètres carrés 75 centim. carrés ; de combien le jardin de mon voisin est-il plus grand que le mien ?

915. — L'emplacement d'une maison est estimé à raison de 3 f. 75 le mètre carré ; il a une surface de 76 mètres carrés 3456 centim. carrés ; que vaut cet emplacement ?

916. — Un peintre a peint 5 portes de chacune 1 mètre carré 9545 centimètres carrés ; il est payé à raison de 2 f. 50 le mètre carré ; combien lui est-il dû ?

917 — Les murs d'une salle de classe ont 225 mètres carrés 76 décim. carrés de superficie ; un ouvrier prend 10 cent. par mètre carré pour blanchir cette salle ; à combien s'élève la dépense ?

4*

918. — On veut faire peindre un tableau noir qui a 1 m. 98 de long sur 1 m. 15 c. de large ; le peintre demande 1 f. 75 par mètre carré ; à combien s'élèvera la dépense ?

919. — Une salle a 45 mètres carrés de superficie, pour la carreler on emploie des carreaux de 1 décimètre carré 50 centimètres carrés, combien en faudra-t-il ?

920. — Pour planchéier une salle de 7 m. 50 de long sur 6 m. 40 de large, on emploie des planches de 1 m. 50 de long sur 25 centimètres de large ; combien emploiera-t-on de ces planches ?

Mesures de Volume.

921. — Un voiturier a conduit 5 charrois de terre : le 1er contenait 1 mètre cube 45 décimètres cubes, le second 1 mètre cube 472 centimètres cubes, le troisième 1 mètre cube 545589 millimètres cubes, le quatrième 1 mètre cube 15 décim. cubes, et le cinquième 1 mètre cube 42 décim. cubes 5 centim. cubes ; combien a-t-il conduit de mètres cubes en tout ?

922. — Un fermier a trois tas de fumier : le 1er est de 3 mètres cubes 450 décim. cubes, le second de 5 m. cubes 125 centim. cubes et le troisième de 7 m. cubes 4 décim. cubes 45 centim. cubes 850 millim. cubes ; combien de mètres cubes en tout ?

923. — D'un tas de fumier de 32 mètres cubes 68565 centim. cubes, on a enlevé 8 tombereaux de 2 mètres cubes 28 décim. cubes chacun ; que reste-t-il de ce tas ?

924. — D'un tas de charbon de terre de 5 mètres cubes 40 décim. cubes, on a pris successivement 25 décimètres cubes 5426 centimètres cubes, 79485 centim. cubes et 989445 millimètres cubes ; combien en reste-t-il ?

925. — On a fait abattre 3 arbres : le premier a donné 3 stères 4 décistères de bois, le second 4 stères 5 décistères et le troisième 6 stères et demi ; chaque stère étant estimé 7 f. 50, combien vaut ce bois ?

926. — Un bûcher a 6 m. 50 de long, 4 m. 25 de

large et 4 m. 50 de haut; combien contient-il de stères de bois ?

927. — Une maison a 4 feux : chaque feu brûle en moyenne 9 centièmes de décistère par jour ; combien de stères de bois dépense annuellement cette maison ?

928. — Quelle somme dépense par mois pour son chauffage la maison ci-dessus, si le stère de bois est estimé 6 f. 75 ?

929. — Une fosse de 6 m. 50 de long sur 4 mètres de large et 3 m. 30 de profondeur est aux trois quarts pleine d'eau, combien y a-t-il de mètres cubes d'eau dans cette fosse ?

930. — Un tas de fumier a 7 m. 40 de long et 4 m. 70 de large, son épaisseur mesurée en 5 endroits différents donne les chiffres suivants : 1 m. 25, 1 m. 50, 1 m. 62, 1 m. 10 et 1 m. 48. On a vendu ce fumier à raison de 9 f. 50 le mètre cube. Combien vaut le tas entier ?

Mesures de Capacité.

931. — Un cabaretier a vendu dans la matinée 122 litres de vin ; dans le milieu du jour 215 litres et dans la soirée 304 litres 1|2. Combien a-t-il vendu de litres dans la journée ?

932. — Convertir les nombres suivants en centilitres et les additionner : 154 litres, 315 litres, 180 litres, 514 litres 25 millilitres.

933. — D'une barrique de vin de 228 litres, on a tiré successivement 15 litres, 14 litres et demi, 16 litres, 13 litres, 2 litres et 7 litres ; combien reste-t-il de litres de vin dans la barrique ?

934. — On achève de remplir une barrique de 2 hectolitres 28 litres avec 3 décalitres 5 litres ; que contenait-elle d'avance ?

935. — D'une barrique de 228 litres, on a vendu 75 litres à raison de 60 centimes le litre ; combien vaut le reste de la barrique ?

936. — Une barrique de Bordeaux est de 228 litres ; combien contient-elle de bouteilles de 75 centilitres ?

937. — Une barrique de chaux de 250 litres a coûté 6 f. ; on a revendu cette chaux 75 c. le double décalitre; combien a-t-on gagné ?

938. — Un propriétaire a récolté 324 gerbes d'avoine ; chaque gerbe lui donne en moyenne 11 litres 3 décilitres ; que vaut cette récolte, si on l'estime 8 f. 50 l'hectolitre ?

939. — Une source donne 45 litres d'eau par minute ; combien de mètres cubes à l'heure ?

940. — Pour détruire les œufs d'insectes et activer la végétation on chaule le blé ; il faut 12 kilogrammes de chaux à 2 f 50 les 100 kilogrammes et 3 kilogrammes de sel à 20 c. le kilogramme, délayés dans 100 litres d'eau environ pour chauler 10 hectolitres de blé. Dire quelle est la dépense par double décalitre ?

Mesures de Poids.

941. — Une fermière porte 4 pains de beurre au marché ; le premier pèse 1 kilogramme et demi, le deuxième 1 kilogramme 125 grammes, le troisième 3 kilogrammes 4 hectogrammes, le quatrième 2 kilogrammes 5 décagrammes ; quel est le poids total des 4 pains de beurre ?

942. — Un boucher a vendu 124 décagrammes de bœuf, 225 hectogrammes de porc, 12 décagrammes 5 grammes de veau, et 18 kilogrammes de mouton ; quel est le poids total de la viande vendue ?

943. — Un réservoir contenait 8 mètres cubes d'eau, on a employé 9 hectolitres 25 litres de cette eau pour arroser, combien en reste-t-il et quel est son poids en kilogrammes?

944. — Une couette pèse 14 kilogrammes 300 grammes; combien de plumes devra-t-on y mettre si l'on veut qu'elle pèse 24 kilogrammes ?

945 — Le kilogramme de sucre valant 1 f. 60, combien coûteront 45 grammes de sucre ?

946. — A 1 f. 60 le kilogramme de sucre, combien aura-t-on de grammes de sucre pour 0 f. 40 ?

947. — Le prix du pain étant de 32 centimes le kilogramme, combien dépensera dans une année une famille qui consomme 2 kilogrammes et demi de pain par jour?

948. — 1 kilogramme de farine rend 1 kilog. 250 gr. de bon pain de ménage, combien faudrait-il de farine pour faire un pain de 8 kilogrammes?

949. — Une femme tricote des bas de laine qu'elle vend 3 f. 50 la paire; elle emploie par paire 3 pelotes pesant chacune 55 grammes à 12 f. le kilogramme, et met un jour pour faire une paire de bas. Que gagne-t-elle par jour?

950. — Un boucher a acheté un bœuf 350 f. Ce bœuf a donné 340 kilogrammes 4 décigrammes de bonne viande à 0 fr. 60 le kilogramme, et 280 kilog. 3 hect. de viande un peu inférieure à 0 fr. 50 le kilogramme. Que gagne ce boucher, sachant que la peau du bœuf a payé les frais d'octroi et le reste?

Monnaies.

951. — J'ai trois sacs de monnaie de bronze pesant l'un 5 hectogrammes, l'autre 140 décagrammes et le troisième 3 kilogrammes 25 grammes; quelle somme contient chaque sac?

952. — Une personne a trois sacs pesant chacun 850 grammes; le premier contient des pièces en bronze, le second des pièces en argent et le troisième des pièces en or. Quelle somme dans chacun des sacs et combien en tout?

953. — Quel doit être le poids d'un rouleau d'or de 1000 francs?

954. — Combien faut-il de pièces de 2 francs, pour faire équilibre à 1 litre d'eau? — A 40 centilitres d'eau?

955. — Une malade veut faire une tisane rafraîchissante en faisant bouillir ensemble 80 grammes d'orge et 95 grammes de chiendent; comme elle n'a aucun poids à sa disposition, elle pèse avec des pièces en bronze; quelle somme mettra-t-elle dans la balance pour chaque pesée?

956. — J'achète pour 1 fr. 25 de graine de choux à

5 fr. le kilogrammes, combien de grammes dois-je avoir ?

957. — Une personne a acheté un morceau de sucre à raison de 1 fr. 60 le kilogramme ; ce morceau de sucre pèse autant que 18 fr. en bronze et 15 fr. en argent. Combien doit cette personne ?

958. — Quelle est la composition d'une somme de 15 fr. 60 en monnaie de bronze ? En d'autres termes quel est le poids du cuivre, de l'étain et du zinc qui sont entrés dans l'alliage ?

959. — Quelle est la composition de 4 kilogrammes de monnaie d'argent au titre nouveau ?

960. — Quelle est la composition de 600 francs de monnaie d'or ?

Récapitulation générale.

961. — Un jardinier a une allée de 1150 mètres à faire ; il avance chaque jour de 15 mètres et il est payé 1 f. 75 par jour. Que coûtera cette allée ?

962. — Aurait-on eu du bénéfice à faire faire l'allée ci-dessus au prix de 14 fr. 50 l'hectomètre ?

963. — Un draineur a 7 rangées de drains à poser dans un champ, chaque rangée à 135 mètres de longueur, et l'on donne 1 fr. 50 de l'hectomètre au draineur. Combien lui devra-t-on à la fin de son travail ?

964. — Un cultivateur a commencé à 8 heures du matin à herser un champ de 120 mètres de long sur 60 de large. Sa herse a 2 mètres de largeur, et il fait 50 mètres de chemin par minute. A quelle heure aura-t-il fini ?

965. — Un morceau de terre a 90 m. 70 de long sur 56 m. 15 de large. On l'a vendu pour 53 ares. Combien manque-t-il ?

966. — Le terrain ci-dessus avait été payé 100 fr. l'are ; combien doit-on rendre à l'acquéreur ?

967. — Un journalier a bêché un champ de 72 mètres de long sur 54 m. 60 de large. On le paie 0 f. 80 l'are. Que lui est-il dû à la fin de son travail ?

968. — On a planté 1 hectare de betteraves en lignes espacées de 30 centimètres en tous sens. Le poids total de la récolte a été de 142000 kilogrammes. On demande le poids moyen d'une betterave ?

969. — On a planté en choux un champ de 224 mètres de long sur 112 de large, en lignes espacées de 40 centimètres en tous sens. Les plants valent 4 f. 50 le mille ; on emploie 4 doubles-décalitres de noir animal par hectare à raison de 18 f. l'hectolitre et la main d'œuvre coûte 14 f. aussi par hectare. Combien a-t-on dépensé ?

970. — On a acheté une pièce de bois de 11 m. 25 de long sur 0 m. 42 centimètres d'équarrissage à raison de 70 f. le mètre cube ; combien a-t-on payé ?

971. — La pièce de bois ci-dessus pèse 845 kilogr. le mètre cube. Un homme de force moyenne porte 80 kilogrammes. Combien faudra-t-il d'hommes pour porter cette pièce de bois ?

972. — Un entrepreneur a fourni 15 soliveaux de 6 m. 25 de long sur 30 centimètres de haut et 17 centimètres d'épaisseur ; que lui est-il dû à 62 f. le mètre cube ?

973. — Un champ a 80 ares de superficie. On l'a couvert dans toute son étendue d'une couche de terreau de 17 millimètres d'épaisseur. Combien de mètres cubes de terreau et pour quelle somme, si le mètre cube est évalué à 4 f. 50 ?

974. — Dans un an 4 vaches ont produit un tas de fumier de 7 m. 50 de long sur 5 m. 30 de large et 1 m. 95 de haut. Ce fumier est estimé 8 f. 50 le mètre cube. Combien vaut-il ? Quelle est la valeur du produit d'une vache par mois ?

975. — Un épicier a une boîte de 450 décimètres cubes pleine de sel ; il en vend d'abord 2 décalitres 5 litres, puis un double décalitre 3 litres, puis 17 litres ; combien reste-t-il de litres de sel dans la boîte ?

976 — On guérit les vins tournés en mêlant par hectolitre 20 grammes d'acide tartrique, valant 6 f. le kilogramme ; quelle dépense fera-t-on pour guérir 12 barriques de 228 litres chacune ?

977. — Une personne a acheté 80 litres de graine de luzerne pesant 7 kilog. 400 gr. le décalitre à 1 f. 05

le litre. Combien doit cette personne ? A quel prix reviennent les 100 kilog. ?

978. — Pour conserver le blé pendant les 6 premiers mois de l'année, on l'étend en tas de 0 m. 30 d'épaisseur et on le remue souvent. On a garni ainsi un grenier de 8 m. 40 de long sur 6 m. 25 de large. Combien vaut ce blé à 4 f. 25 le double décalitre ?

979. — Quelle est la charge du grenier ci-dessus, si l'hectolitre du blé dont il s'agit pèse 76 kilogr. ?

980. — Pour guérir les vins gras on emploie par hectolitre 100 grammes de crème de tartre, avec autant de sucre que l'on fait dissoudre dans 1 litre environ de vin bouillant. On mélange avec le vin et l'on soutire huit ou 10 jours après. Quelle est la quantité de tartre et de sucre à employer pour traiter 5 barriques de vin gras de 22 décalitres 8 litres chacune ?

981. — Un bassin a 8 m. 05 de long sur 3 m. 75 de large. Sa capacité est de 60 mètres cubes. Quelle est sa profondeur ?

982. — 25 décalitres de pommes donnent environ 1 hectolitre de cidre. Combien faudra-t-il de doubles décalitres de pommes pour faire 10 barriques de cidre, chaque barrique contenant 228 litres ?

983. — Si les pommes ci-dessus coûtent 5 f. l'hectolitre, à combien reviendra la barrique de cidre ?

984. — Le lait rend 16 0⁄0 environ de crème et la crème 26 0⁄0 de beurre. Combien peut-on obtenir de beurre en laissant crémer 28 litres de lait ?

985. — Lorsque le beurre vaut 2 f. 50 le kilogramme, combien vaut 1 litre de lait converti en beurre ?

986. — 3 kilogrammes de farine rendent 4 kilogr. de pain, et l'on accorde au boulanger 5 f. pour frais de 100 kilog. de pain. La taxe étant faite d'après ces données, quel sera le prix du kilog. de pain si la farine vaut 68 f. le sac de 159 kilogrammes ?

987. — Pour empêcher le vin de pousser, on fait brûler une mèche soufrée dans les tonneaux. Un vigneron qui a négligé ce moyen, a 7 barriques de 228 litres chacune de vin poussé valant 12 f. de moins par hectolitre. Combien perd-il ?

988. — Pour faire de bonne encre on fait bouillir dans 6 litres d'eau : 750 grammes de noix de galles, à 2 f. 10 le demi-kilogramme, 440 grammes de couperose verte à 0 f. 40 le kilogramme, 2 hectogrammes 5 décagrammes de gomme à 1 f. 15 le demi-kilogr., 125 grammes de vitriol bleu à 0 f. 15 l'hectogramme et 75 grammes de sucre candi à 4 f. 40 le kilog. A quel prix revient le litre d'encre ?

939. — Combien faudra-t-il de bottes de 150 oignons chacune pour planter 2 ares 5 centiares de terrain, en espaçant les oignons par lignes de 12 centimètres en tous sens ?

990. — On guérit les bêtes à cornes météorisées, c'est-à-dire qui sont gonflées pour avoir mangé trop de vert, en leur faisant avaler 4 grammes d'ammoniaque mélangés dans 125 grammes d'eau. Evaluer ces quantités en litres ou plutôt en fractions de litre.

991. — Un marchand trouve dans sa caisse 940 f. de monnaie d'or, 652 f 50 de monnaie d'argent et 7 f. 25 de monnaie de bronze. Il met le tout dans un sac ; combien pèse ce sac y compris son propre poids qui est de 32 grammes ?

992. — Un aubergiste a acheté une pièce de vin de 228 litres pour 65 f. Il a payé 5 f. pour la conduite, 0 f. 80 par hectolitre pour droit de circulation, et 15 0/0 à la régie pour le prix de vente. Il vend ce vin 0 f. 50 le litre. Combien gagne-t-il sur la pièce entière ?

993. — Pour coller une pièce de vin rouge de 228 litres, on délaye parfaitement 7 blancs d'œufs et 2 kilogrammes 500 grammes de sel dans deux litres du même vin. On verse dans le fût et on agite fortement le vin avec un bâton. On peut soutirer après huit jours et mettre en bouteilles. Combien coûtera le collage de 5 pièces de vin de 250 litres chacune si les œufs valent 0 f. 80 la douzaine, le sel 17 f. 60 les 100 kilog. et le vin 54 f. l'hectolitre ?

994. — Une personne a un terrain carré d'une contenance de 81 ares. Elle veut le planter d'arbres espacés de 4 m. 50 les uns des autres en tous sens. Si le pied d'arbre planté coûte 1 f. 25, quelle sera sa dépense ?

995. — Pour enlever à un fût le goût de moisi, on le rince fortement avec un mélange de 2 litres d'eau, 75 grammes de chlorure de chaux et 80 grammes d'acide sulfurique. Quelle somme en or pèse chaque quantité ?

996. — L'eau contenue dans un verre pèse autant que 17 f. 50 de monnaie d'argent et 35 centimes de monnaie de bronze. Combien faudrait-il de verres semblables pour remplir un litre ?

997. — Les vaches flamandes et normandes consomment en vert à peu près l'équivalent de 24 kilogrammes de foin sec par jour ; les bretonnes 12 kilogrammes. Quand le foin vaut 6 f. 25 les 100 kilogrammes et le beurre 2 f. 25 le kilog., quel est le bénéfice fait sur chaque animal, en admettant que les frais divers soient payés par le fumier ?

(Les vaches flamandes et normandes donnent en moyenne 12 litres de lait par jour et les bretonnes 7 litres. Le rendement du lait en crème est de 28 0/0 et de la crème en beurre 35 0/0).

998. — Tous les ouvrages d'or et d'argent sont contrôlés et poinçonnés. Ceux d'argent payent 1 f. par hectogramme plus 1 1/2 décime en sus par franc. Combien doit-on payer pour le contrôle d'une chaîne de montre en argent pesant 228 grammes ?

999. — Les excréments humains forment les meilleurs engrais ; mais pour les employer il faut les désinfecter. Pour désinfecter 1 hectolitre de ces matières, on emploie 4 kilogrammes de poussière de charbon, 3 hectogrammes de plâtre cru et 30 décagrammes de couperose verte. Une fosse de lieux d'aisances, dont les dimensions sont : longueur 2 mèt. 50, largeur 1 mèt. 75 et profondeur 3 mèt. 75, est pleine. Combien faudra-t-il de kilogrammes de chaque substance pour désinfecter le contenu ?

1000. — Un voyageur de commerce reçoit 11 fr. par jour pour frais de voyage et 3 °/₀ sur le montant des ventes qu'il fait. Il dépense en moyenne pour le cheval 15 litres d'avoine à 14 fr. l'hectolitre, 7 kilogrammes 500 gr. de foin à 12 fr. le quintal métrique, pour son coucher et sa nourriture 5 fr., pour service des domestiques 0 fr. 75, et pour frais divers 2 fr. Il vend pour 150 fr. de marchandises par jour, les dimanches exceptés. Quel est son bénéfice après un voyage de six mois ?

CHAPITRE VIII.

Règle de trois.

D. — Qu'appelle-t-on règle de trois ?

R. — On appelle règle de trois, la règle par laquelle, ayant trois termes connus qui peuvent entrer en proportion, on détermine un quatrième terme inconnu. La règle de trois est simple ou composée, directe ou inverse.

D. — Quand est-ce que la règle de trois est simple ?

R. — La règle de trois est simple, lorsqu'il n'est question que de deux quantités.

D. — Quand est-ce que la règle de trois est composée ?

R. — Lorsqu'il est question de plus de deux quantités.

D. — Quand est-ce que la règle de trois est directe ?

R. — La règle de trois est directe, lorsque les quantités que l'on considère sont directement proportionnelles.

D — Quand est-ce que la règle de trois est dite inverse ?

R. — Lorsque les quantités sont inversement proportionnelles.

EXEMPLES :

1°. — *Règle de trois, simple et directe.* — 15 ouvriers ont fait 45 mètres d'étoffe ; combien 35 ouvriers en feraient-ils dans le même temps ?

$$15 \text{ ouvriers} \dots\dots\dots 45 \text{ mètres.}$$
$$35 \text{ ouvriers} \dots\dots\dots x \text{ mètres.}$$

La proportion ainsi posée, je dis, en commençant du côté opposé à l'x et par le nombre qui a un correspondant :

Puisque 15 ouvriers ont fait...... 45 mètres.

1 ouvrier en fera 15 fois moins ou $\dfrac{45}{15}$

35 ouvriers en feront 35 fois plus ou $\dfrac{45 \times 35}{15}$

En effectuant l'opération, on trouve : $x = \dfrac{45 \times 35}{15}$

$= 105$ mètres.

2º. — *Règle de trois, simple et inverse.* — 15 ouvriers ont fait un certain ouvrage en 20 jours; combien 35 ouvriers auraient-ils mis de jours pour faire le même ouvrage ?

Les quantités sont inversement proportionnelles, puisque le nombre des jours diminue, lorsque celui des ouvriers augmente.

15 ouvriers........... 20 jours.

35 ouvriers.......... x jours.

Puisque 15 ouvriers ont mis 20 jours à faire un ouvrage.

1 ouvrier, pour faire le même ouvrage, mettra 20 fois plus de temps ou 15×20.

35 ouvriers, pour faire le même ouvrage, mettront 35 fois moins de temps qu'un seul ou $\dfrac{15 \times 20}{35}$.

En effectuant l'opération, on trouve $x = \dfrac{15 \times 20}{35}$

$= 8$ jours 4/7.

3º. — *Règle de trois, composée et directe.* — 8 ouvriers ont fait 35 mètres d'ouvrage en 15 jours; combien 6 ouvriers en feront-ils en 18 jours ?

8 ouvriers..... 35 mètres..... 15 jours.

6 ouvriers..... x mètres..... 18 jours.

Puisque 8 ouvriers travaillant 15 jours ont fait 35 mètres d'ouvrage.

1 ouvrier travaillant 15 jours en fera 8 fois

moins ou $\dfrac{35}{8}$

1 ouvrier travaillant 1 jour en fera 15 fois moins

ou $\dfrac{35}{8\times15}$

6 ouvriers travaillant 1 jour en feront 6 fois

plus, ou $\dfrac{35\times6}{8\times15}$

6 ouvriers travaillant 18 jours en feront 18 fois

plus, ou $\dfrac{35\times6\times18}{8\times15}$

En effectuant l'opération, on trouve que $x = \dfrac{35\times6\times18}{8\times15}$

$= 31$ mètres 50.

4°. — *Règle de trois, composée et inverse.* — 12 ouvriers travaillant 8 heures par jour ont mis 15 jours à faire un certain ouvrage ; combien 9 ouvriers travaillant 7 heures par jour auraient-ils mis de jours pour faire le même ouvrage ?

Il y a moins d'ouvriers, ils mettront plus de jours. Les quantités sont donc inversement proportionnelles.

$$12 \text{ ouvriers} \dots 8 \text{ heures} \dots 15 \text{ jours.}$$
$$9 \text{ ouvriers} \dots 7 \text{ heures} \dots x \text{ jours.}$$

Puisque 12 ouvriers travaillant 8 heures par jour ont mis 15 jours à faire un ouvrage.

1 ouvrier travaillant 8 heures par jour mettra 12 fois plus de jours, ou 15×12.

1 ouvrier travaillant 1 heure par jour mettra 8 fois plus de jours, ou $15\times12\times8$.

9 ouvriers travaillant 1 heure par jour mettront 9 fois moins de jours, ou $\dfrac{15\times12\times8}{9}$

9 ouvriers travaillant 7 heures par jour mettront 7 fois moins de jours, ou $\dfrac{15\times12\times8}{9\times7}$

En effectuant l'opération, on trouve que $x = \dfrac{15 \times 12 \times 8}{9 \times 7}$

$= 22$ jours 6/7.

Les règles d'intérêts, d'escompte, de rente, de partages proportionnels, de mélange d'alliage, etc., sont de véritables règles de trois, auxquelles on applique exclusivement la méthode de réduction à l'unité. — Il est donc inutile de faire ici un chapitre spécial pour ces diverses règles.

RÉCAPITULATION GÉNÉRALE.

1001. — Un propriétaire qui fait exploiter une ferme à son compte, a sous ses ordres 5 domestiques qui gagnent par an : le premier 370 fr.; le deuxième 300 fr.; le troisième 256 fr.; le quatrième 205 fr. et le cinquième 94 fr. Ce propriétaire achète en outre pour 840 fr. d'engrais et pour 230 fr. de semence; quelle est sa dépense annuelle, non compris son entretien de maison ?

1002. — Jean a fait construire une maison et a payé savoir : 930 fr. pour la maçonnerie et 185 fr. pour la charpente; il a en outre donné 64 fr. 25 au tuilier, 207 fr. au marchand de bois, 43 fr. au tailleur de pierre, 36 fr. au carrier, 129 fr. au menuisier et 217 fr. au peintre et au vitrier. A combien lui revient sa maison ?

1003. — On veut faire creuser un fossé de 172 mètres de long sur 1 mètre 30 de large et 1 mètre 25 de profondeur. A quelle somme reviendra ce fossé, si on paye le terrassement à raison de 0 fr. 23 le mètre cube ?

1004. — Un particulier a payé dans une année pour son loyer 78 fr. 25, pour sa nourriture 430 fr. 50, pour ses vêtements 175 fr. et pour frais de ménage 275 fr. 35. A combien s'élèvent ses dépenses de l'année ?

1005. — Un tisserand, ayant travaillé toute une année, reçoit d'abord 275 fr. 50, en second lieu 145 fr. 25, en troisième lieu 325 fr. 40 et enfin 215 fr. Quelle est sa recette totale ?

1006. — Un fermier fait faire à la journée 815 mètres de fossés ; il paye 0 fr. 70 par mètre ; un de ses journaliers lui en fait 3 mètres 75 par jour et l'autre 4 mètres 45 ; combien ont-ils mis de jours et que gagnent-ils par jour l'un et l'autre ?

1007. Combien a livré d'hectolitres de froment un cultivateur qui a fait trois livraisons comme il suit : 45 hectolitres, 32 hectolitres et 28 hectolitres ?

1008. — On veut faire curer un ruisseau de 945 mètres de longueur, et d'une largeur moyenne de 1 mètre 25 ; la vase à retirer a une épaisseur de 32 centimètres. En payant le travail à raison de 1 fr. 40 le mètre cube de vase, combien coûtera le curage du ruisseau ?

1009. — Un ouvrier à force d'économie a déjà mis de côté 3760 fr. ; quand il aura encore économisé 1240 fr., il aura de quoi payer une maison qu'il veut acheter. Quel est le prix de cette maison ?

1010. — Un marchand doit acquitter trois billets, l'un de 960 fr. 50, le deuxième de 485 fr. et le troisième de 240 fr. 75. Combien doit-il ?

1011. — Un élève achète une main de papier de 0 fr. 40, un cahier de 0 fr. 10, un catéchisme de 0 fr. 30 et une règle de 0 f. 05. Combien doit-il ?

1012. — Un mercier achète du fil à 0 fr. 15 la pelote et il gagne 0 fr. 03 en la revendant. Combien vend-il la pelote ?

1013. — Un homme a payé 1254 fr. 75 sur une dette qu'il avait contractée, et il doit encore 2745 fr. 25. Quel était le montant de cette dette ?

1014. — Deux enfants se sont partagé une certaine somme d'argent, l'aîné a eu 20 fr. 50 et le plus jeune 18 fr. 50. Quelle était cette somme ?

1015. — Un cultivateur voulant savoir la valeur du bétail qu'il a dans sa ferme, estime ses deux bœufs 1096 fr., ses vaches 1250 fr., ses taureaux 1608 fr., ses veaux 248 fr. et ses moutons 415 fr. Quelle est la valeur de son bétail ?

1016. — Un ouvrier, pour divers ouvrages, a reçu d'abord 14 fr. 75, puis 25 fr. 85, puis 13 fr. 25 et enfin 24 fr. 35. Combien a-t-il reçu en tout ?

1017. — On a payé à un menuisier 48 fr. 75 pour une commode, 121 fr. 45 pour une armoire, 12 fr. 45 pour une table. Combien ce menuisier a-t-il reçu?

1018. — Un marchand achète du drap pour 845 fr. 50 et il le revend avec un bénéfice de 77 fr. 75. Combien l'a-t-il revendu?

1019. — Le premier jour de la semaine un tisserand fait 3 mètres 79 de toile, le deuxième jour 2 mètres 84, le troisième jour 4 mètres; le quatrième jour 0 mètre 68, le cinquième jour 1 mètre 59, le sixième jour 3 mètres 65. Combien a-t-il fait de mètres de toile dans sa semaine?

1020. — Trois personnes ont formé une société : la première a mis 25400 fr. dans cette société, la deuxième 18700 fr. et la troisième 34500 fr. A combien s'élève le capital social?

1021. — Pour la réparation d'une maison, on a payé au maître maçon 537 fr., au menuisier 318 fr., au peintre 175 fr., au couvreur 290 fr. Quelle est la dépense totale?

1022. — Un fermier a récolté dans un champ 187 gerbes, dans un second 136, dans un troisième 154, dans un quatrième 92. Combien a-t-il récolté de gerbes en tout?

1023. — Une pépinière renferme 257 pommiers, 318 poiriers, 493 cerisiers, 379 pêchers et 185 abricotiers. Combien cette pépinière renferme-t-elle d arbres?

1024. — Une personne achète une maison 18500 fr., elle y fait faire des réparations pour 2640 fr., et réalise en la vendant un bénéfice de 4860 fr. Combien l'a-t-elle revendue?

1025. — On a acheté 1200 kilog. de colombine pour 107 fr. et on a payé 57 fr. 70 pour une autre voiture de colombine pesant 573 kilog. Combien a-t-on eu de kilogrammes de cet engrais? Combien a-t-on déboursé?

1026. — Combien est-il dû à un journalier qui a fait dans son année 128 journées à 1 fr. 60 et 172 journées à 2 fr. 45?

1027. — Un épicier a acheté une première fois 104

kilog. de sucre pour 156 fr., une deuxième fois 76 kilog. pour 106 fr. 40, une troisième 238 kilog. pour 309 fr. 40, une quatrième 129 kilog. pour 187 fr. 05, et une cinquième 618 kilog. pour 865 fr. 20? Combien a-t-il acheté en tout de kilogrammes de sucre et combien a-t-il déboursé?

1028. — En 6 jours Paul a fait 28 mètres d'ouvrage qui lui ont été payés 15 fr., en 14 jours il en a fait 121 mètres qui lui ont été payés 79 fr. 75.

On demande 1° combien Paul a travaillé de jours; 2° combien il a fait de mètres; 3° combien il a gagné?

1029. — On reçoit trois caisses d'oranges; dans la première il y a 148 oranges, dans la seconde il y en a 37 de plus que dans la première, et dans la troisième il y en a autant que dans les deux autres. Combien d'oranges en tout?

1030. — Un ouvrier a reçu 28 fr., un second a reçu 11 fr. de plus que le premier, et un troisième a reçu autant que les deux autres. Qu'ont-ils reçu en tout?

1031. — On achète deux tonneaux de vin; l'un contient 2 hectolitres 50 de plus que l'autre et coûte 502 fr. 50; l'autre coûte 450 fr. Quelle est la contenance de chaque tonneau?

1032. — Un ouvrier a fait en 18 jours 27 mètres d'ouvrage qui lui ont été payés 297 fr., il en a fait ensuite en 15 jours 24 mètres qui lui ont été payés 264 fr., enfin il en a fait en 31 jours 49 mètres qui lui ont été payés 539 fr. On demande combien de jours il a travaillé, quel nombre de mètres il a fait et quelle somme il a reçue.

1033. — Quatre personnes se sont partagé une somme : la première a eu 450 fr., la deuxième 120 fr. de plus que la première, la troisième 240 fr. de plus que la deuxième, et la quatrième autant que la première et la troisième. Combien chaque personne a-t-elle eu et quelle somme a été partagée?

1034. — J'ai vendu 4 litres de lentilles et j'ai reçu 1 fr. 40; j'en ai vendu ensuite 19 litres et j'ai reçu 7 fr. 60; enfin on m'a donné 2 fr. 70 pour les 9 litres qui me

5

restaient. Combien ai-je vendu de litres de lentilles, et quelle somme ai-je reçue ?

1035. — Un marchand de vin a vendu une pièce de 2 hectolitres 72, un tonneau de 30 décalitres, une feuillette de 135 litres et un baril de 14 litres. Combien a-t-il vendu de litres?

1036. — Une barrique pleine d'huile pèse 137 kilog., vide cette barrique pèse 19 kilog. Quel est le poids de l'huile ?

1037. — Avec une pièce de 1 fr. on paie un pain de 2 kilog. qui coûte 0 fr. 72. Combien doit rendre le boulanger ?

1038. — Une caisse pèse 127 kilog. 450. Le poids de l'emballage est de 37 kilog. 29. Quel est le poids net de la marchandise ?

1039. — Paul perd 186 fr. 50 sur les marchandises qu'il avait achetées 1786 fr. 25. Combien les a-t-il vendues ?

1040. — Un marchand achète 1276 mètres de drap. Il en revend 159 mètres 80. Combien de mètres de drap lui reste-t-il ?

1041. — Une personne achète du blé pour 486 fr. 50, elle a donné en paiement un billet de 500 fr. Combien doit-on lui rendre ?

1042. — Une personne doit 478 fr. 50. Elle fait un remboursement de 127 fr. 50. Que doit-elle encore ?

1043. — Jean vend 2764 fr. 75 des marchandises sur lesquelles il fait un bénéfice de 186 fr. Combien ces marchandises lui avaient-elles coûté ?

1044. — J'avais 180 litres de sarrasin et 2 hectol. d'avoine; j'ai livré 1 hectol. de sarrasin et 88 litres d'avoine. Combien me reste-t-il 1° de sarrasin, 2° d'avoine ?

1045. — Un cultivateur doit à un ouvrier qui lui a fait des réparations une somme de 238 fr. Mais il lui a fourni une pièce de vin estimée 70 fr. et du blé pour 120 fr. Combien lui doit-il encore ?

1046. — On achète une propriété 83469 fr. et on la revend en 2 lots : le premier pour 64500 fr. et le deuxième pour 45872 fr. Combien gagne-t-on ?

1047. — Un fermier vend au marché pour 548 fr. de blé et pour 236 fr. de pommes de terre, et il achète un cheval pour 240 fr. Quelle somme rapporte-t-il chez lui, si d'autre part il avait déjà 75 fr. dans sa bourse ?

1048. — Dans une famille le père est né en 1824, la mère en 1829, le fils aîné en 1852, la fille en 1857 et le fils cadet en 1860. Quel est l'âge de chacun en 1874 ?

1049. — Un négociant a reçu dans un jour 873 fr. et il a payé 410 fr. Que lui reste-t-il s'il avait d'abord dans sa caisse 529 fr. ?

1050. — Un ouvrier s'est chargé de faucher 2 hectares de pré moyennant 16 fr. Après avoir fauché 80 ares, on lui a donné un à-compte de 6 fr. 40. Que lui reste-t-il à faucher, et combien lui devra-t-on quand il aura achevé son travail ?

1051. — Un joueur entre au jeu avec 165 fr., il gagne d'abord 152 fr., ensuite il perd 237 fr. Avec quelle somme se retire-t-il ?

1052. — Une domestique gagne 240 fr. par an et deux paires de souliers de 10 fr. chacune. Combien aura-t-elle gagné au bout de huit ans, et combien aura-t-elle fait d'économies, si tous les ans elle place à la caisse d'épargne une somme de 180 fr. ? Les intérêts seront calculés à 4 pour 100.

1053. — L'entreprise d'un pont était de 2954 fr.; l'entrepreneur a déboursé 2116 fr. Quel a été son bénéfice ?

1054. — Un fournisseur présente un mémoire de 359 fr. 75, que l'on réduit à 287 fr. 25. Quelle somme lui retient-on ?

1055. — L'invention de l'imprimerie date de 1445, celle de la poudre à canon de 1474. Combien d'années se sont écoulées entre ces deux époques ?

1056. — Un épicier a vendu 125 fr. une balle de coton qui lui avait coûté 93 fr. Quel a été son bénéfice ?

1057. — Un débiteur paie à son créancier, sur une dette de 2015 fr., une somme de 1462 fr. Combien doit-il encore ?

1058. — Une personne avait à la caisse d'épargne

265 fr., elle a retiré 176 fr. Combien la caisse d'épargne lui doit-elle encore ?

1059. — Une personne qui s'était mariée à l'âge de 25 ans est morte en 1842 après 30 ans de mariage. On demande l'année de sa naissance ?

1060. — Un écolier doit réciter 542 vers, il en sait 278 par cœur. Combien lui en reste-t-il à apprendre ?

1061. — François Iᵉʳ, roi de France, naquit en 1494 et mourut en 1547. Combien de temps a-t-il vécu ?

1062. — Un navire doit marcher 35 jours pour faire un voyage, il est parti depuis 19 jours. Combien de jours doit-il marcher encore ?

1063. — Un prisonnier a calculé la durée de sa captivité, qu'il trouve être de 240 jours : depuis lors il s'est écoulé 129 jours. Dans combien de temps aura-t-il subi sa peine ?

1064. — Un maître doit à son domestique, pour le montant de ses gages, 256 fr.; mais comme celui-ci lui a fait quelques dégâts, le maître lui retient 27 fr. Combien le domestique doit-il recevoir ?

1065. — Un militaire a obtenu une permission de 8 jours pour se rendre dans son pays. Dire quand a commencé sa permission, sachant qu'elle a fini le 31 du mois ?

1066. — Un particulier avait emprunté 749 fr., il a remboursé 568 fr. Quelle somme doit-il encore ?

1067. — Un ouvrier, qui s'était chargé d'un travail, a mis 11 jours à le faire. On demande quand il l'avait commencé, sachant qu'il l'a fini le 27 du mois ?

1068. — Une personne qui doit 200 fr. voudrait se libérer, mais elle n'a que 187 fr. Combien lui faut-il encore pour pouvoir s'acquitter ?

1069. — Un régiment avait 2400 hommes la veille d'un combat; après le combat, ce nombre n'était plus que de 1538. On demande quelle perte le régiment a éprouvée ?

1070. — Une ville a consommé 165 bœufs, 2342

moutons, 509 porcs; elle avait, l'année précédente, consommé 1530 moutons, 433 porcs, 124 bœufs. Dire quelle différence il y a dans le nombre total des bêtes et dans celui de chaque espèce d'une année à l'autre.

1071. — Un cultivateur a récolté 2800 gerbes de blé; il bat 201 gerbes le lundi, 204 le mardi, 208 le mercredi, 212 le jeudi, 203 le vendredi et 205 le samedi. Combien de gerbes ont été battues, combien en reste-t-il à battre?

1072. — Un maître maçon a acheté une maison pour 2650 fr., il y a fait pour 240 fr. de réparations et l'a revendue 3600 fr. Quel est son bénéfice?

1073. — Un charbonnier a acheté trois coupes de bois, la première lui a rendu 175 stères, la deuxième 128 et la troisième 205; il a converti en charbon 305 stères et il a vendu le reste pour chauffage. Quelle est cette dernière quantité?

1074. — Un cultivateur emporte 1000 fr. au marché, il achète un cheval 520 fr., un taureau 225 fr. et une carriole 175 francs. Combien a-t-il dépensé, quelle somme lui reste-t-il?

1075. — J'ai acheté 100 décalitres de pommes de terre, on m'en a livré d'abord 17 décalitres, puis 35 et enfin 27. Combien ai-je encore à recevoir?

1076. — Un cultivateur a récolté 2400 gerbes de différentes espèces; il y en a 1455 de froment, 638 d'avoine et le reste est de seigle. Combien y a-t-il de gerbes de seigle?

1077. — Un vigneron a récolté dans différentes vignes, savoir : 37 hectolitres dans une première, 63 hectolitres dans une deuxième, 54 hectolitres dans une troisième. De sa récolte il a vendu 75 hectolitres de vin; combien a-t-il récolté d'hectolitres et que lui reste-t-il?

1078. — Un propriétaire a vendu 3000 hectolitres de froment, livrables en plusieurs fois : une première fois il livre 260 hectolitres, une deuxième 740 hectolitres, une troisième 580 hectolitres et une quatrième 1000 hectolitres. Combien d'hectolitres reste-t-il à livrer?

1079. — Une personne achète un lit 96 francs,

une table 25 fr., une commode 60 fr. et une armoire 115 fr. Elle donne 300 fr. pour payer, combien doit-on lui rendre ?

1080. — Un forgeron a acheté pour 1800 fr. de fer; il doit verser cette somme en quatre paiements : le premier est fixé à 278 fr., le deuxième à 446 fr., le troisième à 890 fr. Quel est le chiffre du dernier paiement ?

1081. — Un marchand avait une pièce de toile longue de 60 mètres ; il en a détaché trois coupons : le premier de 8 mètres 50, le deuxième de 15 mètres 75 et le troisième de 27 mètres 90. Que reste-t-il de la pièce ?

1082 — Une ménagère va au marché avec 20 fr.; elle achète pour 3 fr. 70 de beurre, 4 fr. 75 de viande, 2 fr. 80 de sucre, 3 fr. 60 de café, 2 fr. 05 de légumes et pour 1 fr. 75 d'épices. Quelle somme rapporte-t-elle à la maison ?

1083. — Un journalier doit faire 400 mètres 75 de fossés ; il a fait dans une semaine 92 mètres 50, dans une autre 97 mètres 75, dans une troisième 101 mètres 50. Combien de mètres lui reste-t-il à faire ?

1084. — Un cultivateur doit ensemencer 16 hectares 50 ares ; 8 hectares 50 ares seront en froment, 2 hectares 75 ares en avoine et le reste en seigle. Quelle surface restera-t-il pour le seigle ?

1085. — Un voiturier doit transporter en quatre jours 30 mètres cubes de terre. Le premier jour il transporte 6 mètres cubes 550, le deuxième jour 8 mètres cubes 750, le troisième jour 11 mètres cubes 220. Que reste-t-il à transporter le quatrième jour ?

1086. — On donne à trois journaliers une prairie de 2 hectares 40 ares à faucher en trois jours ; le premier jour ils fauchent 83 ares, le deuxième 87 ares. Que leur reste-t-il à faucher le troisième jour ?

1087. — Un entrepreneur reçoit 3515 fr. qu'il distribue à quatre chefs de chantiers : au premier il donne 435 fr. 15, au deuxième 640 fr. 80, au troisième 1695 fr. 75. Combien doit-il donner au quatrième ?

1088. — Un marchand a acheté 845 mètres de drap pour 20690 francs ; il en a revendu d'abord 345 mètres 75 pour 6520 fr. 35, puis 270 mètres 90 pour 5275 fr. 95. Combien lui reste-t-il de mètres et pour quelle somme ?

1089. — Mon oncle Casimir devait à son maître 2740 fr. Il lui a donné d'abord 1235 fr., puis 783 fr. et enfin 658 fr. Combien lui doit-il encore ?

1090. — Etienne, mon frère, gagne 1275 fr. par an; il dépense 495 fr. pour sa nourriture, 167 fr. pour son entretien et emploie 148 fr. à d'autres usages. Quelles sont ses économies ?

1091. — Quand Maximin a fait sa première communion, sa mère lui a acheté un costume complet; le pantalon a coûté 15 fr. 50, le gilet 3 fr. 85, le paletot 23 fr. 45, la paire de souliers 5 fr. 50, le chapeau 6 fr. 25, et la cravate 1 fr. 30. Combien a-t-elle déboursé et que lui reste-t-il des 65 fr. qu'elle avait économisés ?

1092. — Un ouvrier papetier a gagné dans le premier trimestre 150 fr., dans le deuxième 200 fr., dans le troisième 180 fr. et dans le quatrième 220 fr.; il a dépensé pour sa nourriture, son logement et ses habits 650 fr. dans une année. Combien a-t-il de reste ?

1093. — Un aubergiste a acheté 5 barriques de vin pour 250 fr., il a payé en outre 35 fr. de transport et 85 fr. de droits; il a revendu les 5 barriques pour 475 fr. Combien a-t-il gagné en tout ?

1094. — Un marchand de bœufs a vendu 5 bœufs pour 3275 fr.; il les avait achetés : deux pour 850 fr., deux autres pour 1255 fr. et le cinquième pour 675 fr. Combien a-t-il gagné sur son marché ?

1095. — Un père de famille donne à ses trois enfants, parce qu'ils se sont bien conduits, une somme de 2450 fr.: au premier il donne 850 fr., au deuxième 750 fr., et le reste au troisième. Combien ce dernier reçoit-il ?

1096. — Un marchand de drap en gros avait chez lui 15656 mètres de drap noir; il en a vendu à un de ses clients 5635 mètres, et à un autre 2875 mètres. Combien lui en reste-t-il à vendre ?

1097. — Un propriétaire a une métairie qui lui rapporte 1865 fr. de revenu par an, une maison qu'il loue

350 fr. et une prairie qu'il afferme 786 fr.; il dépense 2458 fr. Combien met-il de côté par an ?

1098. — Un métayer a acheté deux bœufs pour 1250 fr. et deux vaches pour 845 fr.; il les engraisse et dépense 275 fr. Il revend les deux bœufs 1825 fr. et les deux vaches 975 fr. Combien gagne-t-il ?

1099. — Pour ensemencer un champ que l'on afferme 250 fr., on a mis pour 346 fr. de fumier et pour 98 fr. de semence; on a récolté pour 750 fr. de grain et pour 298 fr. de paille. Combien ce champ donne-t-il de bénéfice ?

1100. — Un enfant bien sage a reçu de ses parents une première fois 10 fr. 50, une deuxième fois 15 fr. 65, et une troisième fois 3 fr. 25 ; avec cet argent il a acheté un livre qui lui a coûté 25 fr. Combien lui reste-t-il encore d'argent ?

1101. — Un homme a fait construire une maison qui lui a coûté 2567 fr., il a employé pour la construire un maçon, un charpentier et un menuisier. Combien a-t-il donné au menuisier, sachant qu'il a donné 835 fr. au maçon et 675 fr. au charpentier ?

1102. — Un horloger a vendu une montre en argent pour 75 fr., une pendule pour 150 fr. et une montre en or pour 225 fr. Il avait acheté la montre en argent 50 fr., la pendule 96 fr. et la montre en or 198 fr. Combien a-t-il gagné en tout ?

1103. — Une fabrique de papier fait pour 258000 fr. de papier par an ; elle dépense pour 35000 fr. de chiffons, 15000 fr. de charbon, et les ouvriers reçoivent par an 78000 fr. Combien donne-t-elle de bénéfice ?

1104. — Un maréchal a acheté du fer pour 975 fr. 50 ; il a forgé pour 457 fr. de fers à cheval, pour 356 fr. de pelles, pour 498 fr. 75 de fourches et pour 338 fr. de pioches ; mais il a brûlé pour 120 fr. de charbon ; combien a-t-il gagné ?

1105. — Un marchand de vin a vendu 4 barriques de vin blanc pour 60 fr., 2 de vin rouge pour 195 fr. et une autre de vin blanc pour 78 fr. 35. Il les avait achetées toutes pour 245 fr. Combien a-t-il gagné, si le transport qui était à sa charge lui a coûté 35 fr. en plus de son prix d'achat ?

1106. — Un meunier a acheté 5 hectolitres de froment pour 115 fr. 75, il en revend deux moulus pour 50 fr. 75, deux autres aussi moulus pour 45 fr. 25. Combien vendra-t-il le cinquième s'il veut gagner 35 fr. sur son marché?

1107. — Un boulanger a acheté pour 590 fr. 35 de farine; il fait avec cette farine pour 425 fr. 75 de pain blanc et pour 278 fr. de pain bis; il a dépensé pour faire cuire son pain pour 56 fr. de bois. Combien a-t-il de bénéfice?

1108. — Un domestique gagne de la Saint-Jean à la Toussaint 250 fr. et de la Toussaint à la Saint-Jean 125 fr., il économise 200 fr. par an. Combien dépense-t-il de ses gages?

1109. — Un père a 30 ans de plus que son fils, et le fils est né en 1845, nous sommes en 1878; quel âge a le père?

1110. — Un laboureur paie 1800 fr. de ferme d'une métairie; il y récolte pour 3560 fr. de grain, et il gagne sur la vente de ses bestiaux 1525 fr. 70; mais il dépense pour les engrais, les semences et les domestiques 1986 fr.; combien a-t-il de bénéfice?

1111. — Un fermier a vendu une paire de bœufs pour 950 fr. et un cheval pour 450 fr., afin de pouvoir payer sa ferme qui est de 1350 fr. Combien aura-t-il de reste?

1112. — Un ouvrier gagne 750 fr. par an. Il dépense 400 fr. pour son entretien et 120 fr. pour ses autres dépenses. Que lui reste-t-il au bout de l'année?

1113. — Une femme emporte 20 fr. au marché; elle achète du beurre pour 4 fr. 50, des œufs pour 1 fr. 25, des poulets pour 5 fr. 75 et de la viande pour 4 fr. 25. Combien lui reste-t-il?

1114. — Un domestique gagne 250 fr. dans son année; il dépense 1° 12 fr. 50 pour une veste; 2° 24 fr. 75 pour 2 pantalons; 3° 27 fr. 40 pour blouses et gilets, et 4° 50 fr. pour ses autres dépenses. Combien lui reste-t-il?

1115. — Un petit garçon a ramassé une première

5*

fois 150 limaçons, une deuxième fois 280, une troisième fois 310. Il en a vendu 450 ; combien lui en reste-t-il ?

1116. — Un marchand avait 275 mètres 75 d'étoffe; il en a vendu d'abord 17 mètres 80, puis 31 mètres 40, ensuite 75 mètres 15 et enfin 35 mètres 80. Combien lui en reste-t-il ?

1117. — Un métayer a récolté 258 doubles-décal. de froment dans un champ et 545 dans un autre. Il en donne 380 à son maître. Combien lui en reste-t-il ?

1118. — Pour monter mon ménage j'ai acheté un lit 115 fr., une table 26 fr. 25, une commode 53 fr. 50, six chaises 12 fr. 25 et une armoire 110 fr. 80. Pour payer j'ai donné un billet de 500 fr. Combien doit-on me rendre ?

1119. — Un aubergiste a une barrique de vin de 250 litres, il en a vendu d'abord 65 litres et ensuite 115 litres ; mais il en remet 90 litres. Combien y a-t-il de litres maintenant dans la barrique ?

1120. — Une servante est chargée d'acheter pour 24 fr. de sucre et 5 fr. 75 de café ; mais le marchand ne peut lui fournir que pour 17 fr. 50 de sucre et 3 fr. 40 de café. Quelle somme doit-elle rapporter à ses maîtres?

1121. — Un jardinier a récolté dans un jardin 1075 salades à 0 fr. 075 la pièce, 215 choux à 0 fr. 09, 120 bottes de poireaux à 0 fr. 14, 25 bottes d'asperges à 1 fr. 30, 250 têtes d'artichauts à 0 fr. 21 ; à combien se monte le produit de son jardin ?

1122. — Un fermier mène deux vaches à la foire ; il en vend une pour 246 fr. 25 et l'autre pour 315 fr. 75, puis après il achète un cheval 418 fr. 50 et un cochon pour 85 fr. 30. Combien lui reste-t-il ?

1123. — Un ouvrier menuisier doit 35 fr. 80 à son boulanger, 24 fr. 20 à son boucher et 17 fr. 50 à son tailleur ; comme il n'a chez lui que 22 fr. 50, il vend une armoire pour 69 fr. afin de payer ses dettes. A-t-il eu assez ?

1124. — Un cultivateur qui n'a chez lui que 128 fr. 50 voudrait acheter une vache 285 fr. ; il emprunte de deux de ses voisins 100 fr. à l'un et 75 fr. à l'autre. Aura-t-il assez ?

1125. — Un homme généreux laisse en mourant 10000 fr. qui doivent être partagés de la manière suivante : 2500 fr. à l'un de ses neveux, 3400 fr. aux pauvres de la commune, 2325 pour les départements envahis et le reste aux blessés des armées. Combien ceux-ci auront-ils ?

1126. — Un petit garçon avait 11 ans en 1871 ; dans quelle année est-il né et en quelle année aura-t-il 45 ans ?

1127. — Un berger avait 65 moutons à garder ; une première fois son maître en a vendu 36 et en a acheté 29, une deuxième fois il en a vendu 17 et acheté 25. De combien de moutons se compose aujourd'hui le troupeau ?

1128. — Louis a acheté une maison pour 6435 fr. 50, il y a fait faire pour 1550 fr. 80 de réparations et l'a revendue ensuite 9000 fr. Qu'a-t-il gagné ?

1129. — Une personne riche fait à sa commune un don de 20000 fr. qui doit recevoir la destination suivante : 1° 12000 fr. au bureau de charité, 2° 1500 fr. pour réparations à l'école, 3° 1800 fr. à l'église et le reste pour faire travailler les pauvres. Quelle est cette dernière somme ?

1130. — Un cultivateur a un champ de 2 hectares 60 ares qu'il veut ensemencer de la manière suivante : 75 ares 50 centiares en froment, 60 ares 80 centiares en avoine, 50 ares 30 centiares en orge et le reste en pommes de terre, quelle est la surface du terrain réservé pour cette dernière semence ?

1131. — Un hectare de vigne produit 22 hectolitres ; combien aurai-je de vin dans quatre hectares ? Combien vaudra cette récolte à raison de 27 fr. l'hectolitre ?

1132. — Un ouvrier, en un jour, bat 35 gerbes de blé donnant 120 litres de grain ; combien seize ouvriers en 18 jours battront-ils de gerbes, et quelle sera la quantité de blé obtenue ?

1133. — Combien faut-il de kilogrammes de foin pour nourrir 12 chevaux pendant un an, si l'on donne par jour à chaque cheval une botte de 8 kilogrammes ?

1134. — Sur une charrette, il y a 15 sacs de blé

contenant chacun 2 hectolitres. Quelle est la charge de la charrette, sachant que l'hectolitre de blé pèse 75 kilogrammes ?

1135. — Un ouvrier peut moissonner 15 ares par jour ; comb'en d'ares 18 ouvriers pourront-ils moissonner en 8 jours ?

1136. — En admettant qu'un mouton donne 3 kilog. de laine par an ; combien 36 moutons en donneront-ils en 5 ans, et pour quelle somme si la laine vaut 2 fr. 25 le kilog. ?

1137. — Combien coûtera la vitrerie d'une maison qui a douze croisées, chacune de six carreaux, à 1 fr. 80 le carreau ?

1138. — Un ouvrage a été fait en 6 jours par 15 ouvriers. Combien aurait-il fallu de journées à un seul ouvrier pour le faire ?

1139. — Un ouvrier drapier fait 4 mètres 50 de drap par jour, et il est payé à raison de 6 fr. 80 le mètre. Combien lui est-il dû pour une semaine de six jours de travail ?

1140. — Un moulin est mû par une machine à vapeur dont le volant fait 18 tours par minute, et pendant que le volant fait un tour, les meules en font 5. Combien les meules et le volant font-ils de tours en 24 heures ?

1141. — Un bateau fait cinq voyages par jour, et transporte chaque fois 243 personnes. Quel est le nombre de personnes transportées dans un jour ?

1142. — On compte dans un arsenal 107 piles de boulets ; chaque pile en contient 6472. Combien y a-t-il de boulets dans cet arsenal ?

1143. — Un entrepreneur emploie 115 ouvriers, qui sont payés à raison de 3 fr. par jour. Quelle somme faudra-t-il pour les payer au bout de la semaine ?

1144. — On achète 89 mètres de drap à raison de 19 fr. le mètre. Combien doit-on payer pour cette emplette ?

1145. — Un domestique a laissé entre les mains de ses maîtres ses gages de 18 ans. On veut savoir à combien s'élèvent ses épargnes, ses gages étant de 250 fr. par an ?

1146. — La rame de papier contient 20 mains et chaque main 25 feuilles. Combien y a-t-il de feuilles dans la rame ?

1147. — Un laboureur a 109 sillons à tracer avec la charrue ; combien lui faudra-t-il de temps pour cela, sachant qu'il met 6 minutes à creuser chaque sillon ?

1148. — Un fermier amène au marché 5 bœufs, 2 vaches et 30 moutons : il vend chaque bœuf au prix de 309 fr., chaque vache au prix de 235 fr. et les moutons à raison de 34 fr. la paire. Quelle somme a-t-il retirée de cette vente ?

1149. — Un travail a exigé 35 journées à 4 fr. la première semaine, 29 journées à 2 fr. la seconde semaine et 18 journées à 3 fr. la troisième semaine. Combien a-t-il fallu de journées et quelle dépense ont-elles occasionnée ?

1150. — Un chef d'atelier a employé pendant une semaine 27 ouvriers, sur lesquels 18 gagnaient 4 fr. par jour et les autres 2 fr. 50. On veut savoir quelle somme il lui a fallu pour le salaire de ces ouvriers ?

1151. — On veut faire creuser un fossé de 172 mètres de long sur 1 mètre 30 de large et 1 mètre 25 de profondeur. A quelle somme reviendra ce fossé si on paye le terrassier à raison de 0 fr. 23 centimes le mètre cube ?

1152. — Un ouvrier économise 13 fr. 50 par semaine sur le montant de ses journées. Quelle somme aura-t-il économisée au bout de 34 semaines ?

1153. — On compte dans une terre 37 rangées d'oliviers, dont 18 dans chaque rangée. Combien y a-t-il d'oliviers dans cette plantation ?

1154. — Cinq ouvriers travaillant 9 heures par jour ont mis 25 jours à faire un travail ; combien ont-ils employé d'heures et combien de jours aurait-il fallu à un seul ouvrier pour faire cet ouvrage ?

1155. — Combien y a-t-il de gerbes dans un champ qui contient 97 monceaux de 13 gerbes et 123 monceaux de 15 gerbes ?

1156. — Un père laisse 3150 fr. 75 à chacun de ses fils et 2840 fr. 90 à chacune de ses filles ; quelle était la fortune du père sachant qu'il avait trois garçons et cinq filles?

1157. — La maison de Paul vaut cinq fois plus que celle de Pierre laquelle est estimée 3097 fr. 95; dire le prix de la maison de Paul?

1158. — Un tailleur a fait dans une année 15 habits à chacun desquels il a mis 16 boutons; un autre tailleur a fait dans le même temps trois fois plus d'habits, mais il a mis 2 fois moins de boutons; dire le nombre de boutons employés par chaque tailleur.

1159. — Une voiture fait 365 mètres de chemin par minute; quel chemin aura-t-elle fait au bout d'une heure 47 minutes?

1160. — Un brocanteur achète dans un encan 125 volumes, dont 21 au prix de 5 fr. 60, 40 au prix de 3 fr. 70, et le reste au prix de 2 fr. 25; dire à combien s'élève le montant de cet achat.

1161. — Un ouvrage est de 12 volumes. Un volume compte 240 pages, une page a 48 lignes, et une ligne 42 lettres; combien cet ouvrage contient-il de lettres?

1162. — Un homme meurt à 36 ans; combien a-t-il vécu de jours, si 27 années ont été de 365 jours et les autres de 366?

1163. — Une bibliothèque renferme 75 rayons, et chaque rayon contient 86 volumes; combien y a-t-il de pages si chaque volume est, terme moyen, de 420 pages?

1164. — Un père de famille gagne 6 fr. 75 par jour et dépense 4 fr. 50; quel est son bénéfice au bout de six jours?

1165. — Dans un atelier il y a 28 ouvriers, dont 9 gagnent, par jour, 5 fr. 50; 12, 4 fr. 75, et les autres 3 fr. 50; quelle somme faut-il pour leur payer 12 jours de travail?

1166. — Trois ouvriers se sont associés : le bénéfice journalier du premier est de 1 fr. 30; celui du second de 1 fr. 25, et celui du troisième de 0 fr. 95; quel est leur bénéfice total pour cinq jours?

1167. — Combien y a-t-il de minutes dans une année de 365 jours?

1168. — Combien faut-il de paires de bas pour les distribuer à 78 pauvres, de manière que huit en aient 6 paires chacun; douze, 8 paires chacun, et les autres chacun 12 paires.

1169. — Une pile de bois contient 5 stères, et m'a été vendue au prix de 8 fr. 50 le stère; le marchand me demande 42 fr. 75. Quelle erreur commet-il?

1170. — L'hectare de pavots donne 22 hectolitres de graine, à 26 fr. l'hectolitre, et 550 bottes de tiges, à 0 fr. 12 l'une. Quel est le produit en graine, d'une part, et en tiges, d'autre part; quel est le produit total?

1171. — Un fermier avait 47 agneaux qui lui coûtaient 300 fr.; il en a revendu 34 à raison de 5 fr. l'un, et les autres 12 fr. la pièce. Combien a-t-il gagné?

1172. — Une personne avait 4 mètres de toile qui lui avaient coûté 1 fr. 50 le mètre; elle en a cédé 2 mètres 50 pour 4 fr. 60, et 1 mètre 50 pour 2 fr. 20; combien a-t-elle gagné?

1173. — Il faut pour 198 fr. de fumier pour fumer convenablement un hectare de terre; mais 1440 kilog. de colombine produisent le même effet; on peut se procurer la colombine au prix de 0 fr. 09 le kilog. Que gagnera-t-on par hectare à employer la colombine?

1174. — Que gagne-t-on en vendant, à raison de 6 fr. le kilog., 64 kilog. de marchandise qui ont coûté 350 fr.?

1175. — Un homme dépense 3 fr. par jour pour sa nourriture, 32 fr. par mois pour son logement, et 850 fr. par an pour son entretien, ses menus frais, etc. Quelle somme dépense-t-il en tout par an?

1176. — Une personne achète 148 kilog. de marchandise à 3 fr. le kilog., et elle paie avec un billet de 500 fr.; que doit-on lui rendre?

1177. — Une fontaine donne 37 litres d'eau par minute, une autre fontaine en donne 43, et une troisième 75. Quelle est la quantité d'eau versée par ces trois fontaines en six heures?

1178. — Un entrepreneur a employé pendant une semaine, c'est-à-dire pendant six jours, 34 ouvriers, sur lesquels 15 gagnaient 5 fr. par jour, et les autres

3 fr. Quelle somme lui a-t-il fallu pour payer ces ouvriers?

1179. — Un fermier amène au marché 4 bœufs, 2 vaches et 39 moutons; il vend les bœufs au prix de 365 fr. chacun, les vaches au prix de 175 fr., et les moutons au prix de 16 fr. Quelle somme a-t-il retirée de cette vente?

1180. — Une fabrique occupe 83 ouvriers à 6 fr. par jour, 57 ouvriers à 5 fr., 33 ouvriers à 4 fr., et 15 enfants à 2 fr. par jour. Quelle est la somme nécessaire pour payer 24 journées de ces ouvriers?

1181. — Pour tapisser un appartement il faut 12 rouleaux de tapisserie à 3 fr. le rouleau, et 4 rouleaux de bordure à 2 fr. Quelle sera la dépense totale, si la pose du papier coûte 6 fr.?

1182. — Un marchand a acheté 45 mètres de drap à 24 fr. le mètre, il en revend 36 mètres à 27 fr., et le reste à 28 fr. Combien gagne-t-il?

1183. — Un bassin a 5824 litres d'eau; un robinet en laisse écouler 67 litres par heure. On demande quelle quantité d'eau il restera dans le bassin après 36 heures?

1184. — Que gagne-t-on en revendant, à raison de 8 fr. le litre, 794 litres d'eau-de-vie qui ont coûté 5615 fr.?

1185. — Deux marchands ont fait un échange : le premier a fourni à l'autre 429 mètres de drap à 18 fr. le mètre; le deuxième a fourni au premier 905 mètres de toile à 7 fr. le mètre. Quel est celui qui doit à l'autre, et quelle somme doit-il?

1186. — Un marchand de vin achète 52 pièces de vin à raison de 86 fr. la pièce, et il paye pour chacune 58 fr. de port et de droits. Chaque pièce contient 220 litres qu'il revend 1 fr. le litre. Quel est son bénéfice?

1187. — Deux cultivateurs se sont associés pour acheter une charrue à défrichement; pour cela, l'un a économisé 7 fr. par mois et l'autre 6 fr., en sorte qu'à la fin de l'année ils ont eu la somme nécessaire pour le paiement. Quelle somme leur fallait-il?

1188. — Une armée est composée de 215 escadrons de 165 hommes, et de 244 bataillons de 560 hommes;

on veut connaître l'effectif des hommes présents sous les drapeaux, en supposant qu'il y en ait 4453 dans les hôpitaux.

1189. — Un libraire a fait un envoi contenant 145 volumes à 4 fr. 25, 225 à 1 fr. 50, 156 à 1 fr. 25, 254 à 1 fr. 10, et 310 à 0 fr. 45. Quel est le montant de la facture?

1190. — Un jardinier a cueilli dans son verger 48 kilog. d'abricots, qu'il a vendus 0 fr. 45 le kilog.; 31 kilog. de prunes qu'il a vendues 0 fr. 35 le kilog.; 44 kilog. de poires qu'il a vendues 0 fr. 25 le kilog.; 66 kilog. de figues qu'il a vendues 0 fr. 25 le kilog.; 38 kilog. de pêches qu'il a vendues 5 fr. 15 le kilog. Combien lui a produit son verger?

1191. — On s'acquitte d'une somme que l'on devait en donnant 364 pièces de calicot à 45 fr. 15 l'une, 24 pièces à 25 fr. 50, 24 pièces de monnaie de 2 fr., 43 de 1 fr., 38 de 0 fr. 50, et 36 de 0 fr. 20. Combien devait-on?

1192. — Un maître bottier a acheté : 1° 70 paires de tige à 5 fr. 50 la paire ; 2° 220 kilog. de cuir de vache à 2 fr. 85 le kilog.; 3° 79 kilog. de cuir de veau à 3 fr. 80 le kilog.; 4° 24 kilog. de cuir de cheval à 3 fr 25 le kilog.; 5° 2 douzaines de peaux de chèvre à 25 fr. 75 la douzaine ; 6° 14 pièces de maroquin à 11 fr. 50 la pièce. Combien doit-il?

1193. — Une femme achète 2 pains de chacun 3 kilog. 500 à 0 fr. 35 le kilog., sur une pièce de 5 fr. qu'elle donne, quelle somme le boulanger doit-il lui rendre?

1194. — Un cabaretier a acheté 5 pièces de vin de Bourgogne de chacune 230 litres, qu'il a payé 85 fr. la pièce, et il l'a revendu en détail 0 fr. 60 le litre. Combien a-t-il dû gagner sur ce marché, sachant que chaque pièce contenait 6 litres de lie?

1195. — Un agriculteur a conduit au marché 26 sacs de blé de chacun 6 doubles-décalitres, qu'il a vendu 6 fr. 85 le double-décalitre, et 3 douzaines de moutons qu'il a vendu à raison de 45 fr. la paire. Quelle somme a-t-il dû recevoir pour le tout?

1196. — Un ouvrier gagne 3 fr. 75 par jour et travaille 24 jours par mois, sachant qu'il dépense en tout 180 fr. par trimestre, on demande ce qu'il a de reste à la fin de l'année?

1197. — Un entrepreneur a occupé 25 ouvriers pendant trois semaines; il donnait 4 fr. 75 à 9 d'entre eux, et 3 fr. 25 aux autres. Quelle somme lui a-t-il fallu pour les payer au bout de ce temps, sachant qu'ils n'ont pas travaillé les dimanches?

1198. — Un particulier qui possédait 85 fr. a emprunté 1000 fr. pour payer ses dettes, et après avoir acheté un cheval de 340 f., il eu a encore 35 f. de reste. Quelle somme devait-il?

1199. — Un marchand d'étoffe a acheté 8 pièces de toile de chacune 46 mètres pour 588 fr. 80; il a revendu cette toile à raison de 1 fr. 85 le mètre. Combien a-t-il gagné?

1200. — Un coquetier a acheté 40 volailles pour 50 fr., et 28 douzaines d'œufs pour 19 fr. 60; en les revendant il a gagné 0 fr. 30 par volaille, mais il a perdu 0 fr. 15 par douzaine d'œufs. Combien a-t-il gagné ou perdu?

1201. — Un marchand de bois avait une pièce de sapin de 13 mètres 50 de longueur qu'il a fait débiter en planches. La première bille avait 4 mètres de long et a produit 14 planches; la deuxième avait 4 mètres 25 de long et a donné 12 planches, et enfin la troisième bille de la longueur du reste de l'arbre, a donné 10 planches. Combien cette pièce de bois a-t-elle produit de mètres linéaires de planches?

1202. — Un petit marchand a acheté un cent de fagots pour 26 fr. qu'il se propose de revendre en détail. Il en revend d'abord la moitié pour 14 fr. 30 et 3 douzaines et demie à 4 fr. 20 la douzaine; ensuite il revend le reste à raison de 0 fr. 25 le fagot. Quel a été le bénéfice de ce petit marchand?

1203. — Un spéculateur qui a acheté des marchandises pour 1850 fr., et qui les a revendues, dit que s'il les avait revendues 100 fr. de plus il aurait doublé son argent. Combien les a-t-il revendues?

1204. — Un autre spéculateur a revendu des marchandises pour 3480 fr., et s'il les eût revendues 150 fr. de plus il aurait eu un bénéfice de 1000 fr. Combien les avait-il achetées?

1205. — Huit héritiers se sont partagé une succession qu'on ne connaît pas; on sait seulement que, suivant les intentions du testateur, chacun d'eux a donné 100 fr. aux pauvres et payé 35 fr. de frais, et qu'après toutes ces dépenses chaque héritier a eu 4865 fr. Quel était le montant de la succession?

1206. — Un ouvrier gagne 35 fr. par mois, outre sa nourriture; après avoir pourvu à son entretien, il met encore 20 fr. tous les deux mois à la Caisse d'épargne. On demande 1° ce qu'il gagne par an, 2° ce qu'il dépense, 3° ce qu'il économise.

1207. — Le génie militaire a occupé 1250 ouvriers aux travaux de fortification d'une ville de guerre. Il y avait 485 maçons, 78 tailleurs de pierre et les autres étaient des terrassiers. Les maçons gagnaient chacun 3 fr. 15 par jour; les tailleurs de pierre 3 fr. 85, et les terrassiers 2 fr. 25. Tous ces ouvriers ont travaillé, en moyenne, 24 jours par mois, et les travaux ont duré depuis le 1er avril jusqu'au 31 octobre suivant, soit 214 jours. On demande combien ont coûté ces travaux?

1208. — Un épicier avait acheté 50 pains de sucre, pesant chacun 6 kilog. 500 pour la somme de 598 fr., non compris le transport, qui lui a encore coûté 27 fr., mais le sucre ayant été avarié, il n'a pu le revendre que 0 fr. 80 le kilogramme. Combien a-t-il perdu sur ce marché?

1209. — Un marchand tailleur a une pièce de drap de 38 mètres, qui lui coûte 23 fr. le mètre; avec ce drap il fera 8 redingotes qu'il vendra 65 fr. pièce, et 14 jaquettes à 54 fr. l'une; les fournitures lui coûtent 9 fr. 50 par redingote et 7 fr. 50 par jaquette. Quel sera son bénéfice?

1210. — Pour faire 2 chemises il faut 6 mètres de toile à 1 fr. 75 le mètre; les fournitures coûtent 0 fr. 20 et la façon 2 fr. 30. Combien doit coûter une douzaine de chemises?

1211. — Un ouvrier reçoit 85 fr. pour 15 jours de travail. Pendant combien de jours le ferait-on travailler pour 815 fr.?

1212. — La capacité d'un bassin est de 3 mètres cubes. Combien faudra-t-il de temps pour le remplir à un robinet qui donne 95 litres d'eau en dix minutes?

1213. — Un chapelier revend 645 fr. 58 chapeaux qu'il avait achetés. Il fait sur chacun d'eux 3 fr. de bénéfice. Combien chaque chapeau lui a-t-il coûté?

1214. — Une laitière vend 62 hectolitres de lait par an et elle reçoit 925 fr. Combien en livre-t-elle par jour? Combien vend-elle chaque litre?

1215. — La dépense d'un homme est de 804 fr. par an. Combien dépense-t-il par jour?

1216. — Cinq associés ont gagné dans une entreprise 14365 francs. Quelle est pour chacun sa part de gain?

1217. — Un oncle laisse sa fortune à 6 neveux et à 2 nièces. Quelle est la part de chacun s'il possède 65184 fr.?

1218. — Un tisserand fait 162 mètres de toile en 9 jours. Combien en fait-il par jour?

1219. — Un propriétaire a pris dans l'exploitation d'une mine de houille 37 actions s'élevant en tout à 18500 fr. Quel est le montant de chaque action?

1220. — Le revenu d'une personne est de 1095 fr. Combien peut-elle dépenser par semaine?

221. — Un certain nombre d'ouvriers, payés à raison de 109 fr. chacun, ont reçu 2943 fr. Quel est leur nombre?

1222. — Un chapelier expédie par huit fois différentes et en nombre égal, 966 chapeaux. A combien se monte chaque envoi?

1223. — Dix-sept familles malheureuses doivent recevoir 5984 fr. Combien revient-il à chaque famille?

1224. — On a revendu 660 fr. 15 douzaines de mouchoirs qui avaient coûté 615 fr. Combien a-t-on gagné par douzaine?

1225. — On dépense 2826 fr. par an dans un ménage composé du père, de trois garçons et de deux filles. Combien dépense-t-on par personne et par jour?

1226. — Il faut 38 hommes par jour pour assurer le service d'une ville; à combien de jours d'intervalle reviendra le tour de chaque homme dans un bataillon de 798 hommes?

1227. — Un fermier qui a acheté 8 vaches, 16 bœufs et 34 moutons, gagne en les revendant 72 fr. sur les vaches et 96 fr. sur les bœufs, mais il perd 102 fr. sur les moutons; dire ce qu'il a gagné ou perdu sur chacun de ces animaux.

1228. — Une personne possède 12800 fr., mais outre son revenu, elle dépense 2400 fr. par an. Dans combien de temps aura-t-elle dissipé sa fortune?

1229. — Il y a d'une source à une habitation 327 mètres de distance. Combien faudra-t-il de tuyaux de 3 mètres de longueur pour conduire la source à cette habitation?

1230. — Un homme fait 7140 pas par heure. Combien en fait-il dans une minute?

1231. — Si 48 mètres de drap coûtent 672 fr., quel sera le prix du mètre?

1232. — Un écrivain copie 3 pages d'un livre par heure et travaille douze heures par jour. Combien lui faudra-t-il d'heures pour copier 720 pages?

1233. — Si 12 chapeaux se vendent 108 fr. 80, quel sera le prix d'un chapeau?

1234. — Le poids de 12 caisses égales est de 1872 kilog.; quel est le poids d'une caisse?

1235. — Une pièce d'argent est comprise 959 fois dans une somme de 4795 fr. Quelle est cette pièce?

1236. — Un ouvrier gagne 4 fr. par jour et en économise 2. Combien lui faudra-t-il de jours pour couvrir une dette de 50 fr.?

1237. — Quel est le nombre qui, multiplié par 6,55, a donné pour produit 57,3125?

1238. — Un ouvrier gagnait 4 f. 75 par jour; combien lui a-t-il fallu de jours de travail pour gagner 4222 fr. 18?

1239. — On doit embarquer 6840 personnes; mais

on ne peut placer que 1368 hommes sur un vaisseau; combien en faudra-t-il pour l'embarquement?

1240. — On veut acquitter en huit mois une dette de 1248 fr. Combien faudra-t-il donner par mois?

1241. — Un train doit transporter 1536 personnes. Combien faudra-t-il de wagons si chacun d'eux ne peut en recevoir que 48?

1242. — Quel est le prix moyen d'un cheval lorsque 8 coûtent 3392 fr.?

1243. — Un père en mourant laisse une fortune de 25590 fr. à partager entre ses six enfants; quelle est la part de chacun d'eux?

1244. — Le produit de deux nombres est 661045; l'un de ces nombres est 85; quel est l'autre nombre?

1245 — Combien y a-t-il de minutes et d'heures dans 1440 secondes?

1246. — Dans une famille le père gagne par jour 3 fr. 50 et la mère 1 fr. 75, si la dépense est par jour de 2 fr. 50, quelles seront les économies au bout d'un mois de 30 jours dont 25 de travail?

1247. — Un cordonnier a confectionné 16 paires de bottes pour 210 fr.; il en a vendu la moitié à 14 fr. la paire; combien doit-il vendre la paire de ce qui reste pour gagner en tout 26 fr.?

1248. — Sur une somme de 76366 fr. 75 on a prélevé 843 fr. 25 pour les pauvres et le reste a été partagé entre un certain nombre de personnes; 43 personnes ont eu chacune 247 fr. 25, les autres ont eu chacune 168 fr. 55. Quel était leur nombre?

1249. — Un marchand de vin en a acheté 12 pièces à 47 fr. l'une; il en vend 4 pour 380 fr. Combien doit-il revendre chacune des autres pour réaliser sur les 12 un bénéfice total de 156 fr.?

1250. — Un marchand fait venir 1640 assiettes à 0 fr. 15 l'une; combien faut-il revendre chaque assiette pour gagner 46 fr. sur le tout, sachant qu'il s'en est cassé 40 en route et que les dépenses pour le transport montent à 12 fr.

1251. — Une fosse d'une contenance de 5688 litres

est remplie en 3 heures 57 minutes par deux sources, dont l'une verse 16 litres par minute ; quelle quantité la seconde source verse-t-elle dans une minute ?

1252. — Un marchand d'allumettes fait par jour les dépenses suivantes : logement 0 fr. 30, nourriture 0 fr. 80, entretien 0 fr. 40 ; quelle doit être sa recette par jour pour couvrir ses dépenses, sachant que la boîte d'allumettes lui coûte 0 fr. 03 et qu'il la revend 0 fr. 05 ?

1253. — Un père de famille gagne 3 fr. 50 par jour ; il veut économiser 250 fr. par an ; il se repose le dimanche et huit jours de fête. Combien peut-il dépenser par jour ?

1254. — La surface d'une classe est de 97 mètres carrés 09 ; l'étendue assignée à chacun des élèves est de 68 décimètres carrés ; de plus, les vides nécessaires pour la circulation sont de 15 mètres 76, et l'espace pris par l'estrade égale celui qu'occupent 7 élèves. Combien la salle peut-elle recevoir d'enfants ?

1255. — Pour payer 216 kilog. de graine à 4 fr. 50 les 5 hectog., et 745 hectog. de fourrages à 12 fr. le kilog.; on a donné 120 kilog. d'indigo à 1 fr. 70 l'hectog. et l'on a fait un billet pour le reste. Quel est le montant de ce billet ?

1256. — Un père laisse 20,000 fr. à ses 3 fils ; l'aîné a 8200 fr.; le cadet a 1400 fr. de moins que l'aîné ; combien aura le troisième ?

1257. — Une classe a 5 mètres 42 de long sur 4 mètres 18 de large ; combien faudra-t-il de planches de 2 mètres 50 de longueur sur 0 mètre 24 de largeur pour la planchéier ?

1258. — Un marchand a acheté 26 chapeaux à 6 fr. 50 ; il a donné en paiement 20 mètres de drap à 8 fr. 40 le mètre. Combien redoit-il ?

1259. — Un charpentier occupe trois ouvriers qui lui rapportent par jour : le premier 4 fr. 50, le deuxième 4 fr., et le troisième 3 fr. 50 ; quel est le bénéfice de ce maître au bout d'une semaine, s'il donne au premier 3 fr. 25 par jour, au deuxième 2 fr. 95, et au troisième 2 fr. 50 ?

1260. — Combien coûtent 245 kilog. de bois à 0 fr. 72 les 50 kilog.?

1261. — Une jeune fille reçoit de sa mère 2 fr. pour acheter 3 kilog. de pain à 0 fr. 32 le kilog., et 2 chandelles à 0 fr. 15 la pièce ; quelle somme doit-elle rapporter à sa mère?

1262. — Deux pièces de terre ont fourni la première 18 hectol. de froment, la deuxième 45 hectol. d'orge, qui ont été vendus ensemble 668 fr. 25 ; un hectol. de froment coûte le double d'un hectol. d'orge ; on demande le prix du froment et celui de l'orge?

1263. — Un boulanger vient de fournir à un cultivateur 15 kilogrammes de pain à 0 fr. 40 le kilogramme et 4 gâteaux pour 3 fr. 80 ; combien ce boulanger redoit-il au fermier, si celui-ci lui avait fourni un cent de fagots de genêts estimé 25 fr.?

1264. — Un marchand achète 3500 assiettes pour 700 fr., et dépense de plus 15 fr. pour le transport et 5 fr. pour la commission ; quel sera son bénéfice total s'il les revend 25 fr. le cent?

1265. — Dans un champ de 50 ares, j'ai récolté 15 hectolitres de blé. Combien ai-je eu de litres par are?

1266. — Un cultivateur achète 12 moutons pour 274 fr. 20 ; il les revend 2 fr. 50 de plus la pièce. Que lui a coûté chaque mouton, et combien les a-t-il revendus tous?

1267. — Une lingère, avec deux ouvrières, gagne dans une semaine 13 fr. 50. Que lui restera-t-il si elle donne à chaque ouvrière 3 fr. 60 c. et 2 fr. à ses parents?

1268. — Une personne achète une pièce de terre pour 1430 fr., puis une seconde pour 2529 fr. Elle revend la première pièce 1628 fr. 50 et la deuxième 2585 fr. 75. Combien a-t-elle gagné?

1269. — Huit pains de sucre pesant chacun 12 kilogrammes 500 sont vendus 180 f. A combien revient le kilogramme?

1270. — On veut échanger 28 hectolitres de froment à 20 fr. 50 l'hectolitre, pour de l'avoine à 10 fr.

l'hectolitre. Combien aura-t-on d'hectolitres de cette avoine ?

1271. — Que coûte une marchandise sachant que pour la payer on donne une première fois 24 fr. 75, puis 31 fr. 35 et enfin 19 fr. 25, et que l'on reste encore redevable de 18 fr. 70 ?

1272. — Un père laisse en mourant 4570 fr. à partager entre ses quatre enfants ; le premier a eu pour sa part 1260 fr. 40, le deuxième 450 fr. 60 de moins que le premier, et le troisième 245 fr. de moins que le deuxième. Quelle est la part du quatrième ?

1273. — Une fermière vend son beurre 1 fr. 40 le morceau. Combien donnera-t-elle de ces morceaux en échange de 14 doubles décalitres de son, valant 0 fr. 80 l'un ?

1274. — Un cultivateur a récolté 306 bottes de foin de 10 kilogrammes. Combien 2 chevaux mettront-ils de jours à manger ce foin, s'il en donne à chacun 8 kilogrammes 500 par jour ?

1275. — Un sabotier doit livrer, dans douze jours, 48 paires de sabots. Combien gagnera-t-il par jour s'il fait un bénéfice de 0 fr. 60 sur chaque paire ?

1276. — Dans une forêt de 2390 arbres, il y a 925 chênes, 428 sapins, 296 hêtres, 228 noisetiers, et des bouleaux. Combien y a-t-il de bouleaux ?

1277. — On emprunte à une personne une première fois 47 fr. 50, et une deuxième fois 29 fr. 75. On lui rend d'abord 27 fr., puis 38 fr. 75. Combien lui redoit-on ?

1278. — On échange 4 hectolitres 500 de mil à 25 f. 50 l'hectolitre, contre 12 hectolitres 75 de sarrasin. Combien vaut l'hectolitre de sarrasin ?

1279. — Un domestique gagne 529 fr. 25 par an. Combien lui retiendra son maître s'il a perdu 87 journées ?

1280. — Une douzaine d'œufs est vendue 0 fr. 90. Combien seront vendus 27 œufs ?

1281. — Un fermier doit 385 fr. 25 d'impôts ; il a fait un premier paiement de 78 fr. 50, un deuxième de

6

92 fr. 75, et un troisième de 48 fr. 25. Il se présente pour son dernier paiement; combien doit-il?

1282. — Un cultivateur, pour acquitter un billet de 3250 fr., donne pour à-compte : 1° une somme de 775 fr. 80 ; 2° du blé pour 1525 fr. 25, et 3° un cheval estimé 485 fr. Combien doit-il encore ?

1283. — Que paiera-t-on pour trois charretées de briques de chacune 3540 briques, à raison de 65 fr. 25 le mille ?

1284. — Un menuisier achète d'abord 28 planches de 5 mètres 50 de longueur, puis 17 autres de 4 mètres 15 de longueur. Il donne à son marchand 393 fr. A combien lui revient le mètre de planche ?

1285. — Combien coûteront huit paniers de pommes de chacun 192, à raison de 0 fr. 25 la douzaine ?

1286. — Un domestique reçoit 104 fr. 20 pour quatre mois de gages. Que gagne-t-il par an ?

1287. — Une personne emprunte 3420 fr.; elle paie une première fois 790 fr. 50, et une seconde fois 1240 fr. 25. Que doit-elle encore ?

1288. — Un cultivateur achète deux paires de bœufs pour 1600 fr.; il dépense 60 fr. pour leur nourriture pendant un certain nombre de jours, et il revend la meilleure paire 900 fr., et l'autre 850 fr. Que gagne-t-il ?

1289. — J'achète dans un magasin pour 80 fr. 40 d'étoffe et je donne en paiement deux billets de 25 fr. et un de 20 fr. Combien donnerai-je en argent ?

1290. — On donne au vitrier 43 fr. 20 pour la vitrerie de douze croisées ayant chacune six carreaux. Combien paye-t-on le carreau ?

1291. — Un entrepreneur donne 2756 fr. 25 à 35 ouvriers pour 45 journées de travail. Quel est le prix de la journée de chaque ouvrier ?

1292. — Un journalier a fait dans son année 110 journées à 1 fr. 50 l'une, 129 à 1 fr. 75, et 48 à 2 fr. 25. Combien a-t-il gagné en moyenne par jour ?

1293. — J'ai acheté un lit pour 65 fr., une table pour 25 fr. 50, une commode pour 60 fr., une armoire pour 110 fr. Je donne au menuisier trois billets de 100 fr. pour le tout. Combien doit-il me rendre?

1294. — Un propriétaire achète une maison pour 3420 fr. Il y fait faire pour 360 fr. 40 de réparations, et il la revend 5000 fr. Que gagne-t-il?

1295. — Un marchand prend une première fois 4 mètres 60, une seconde fois 57 mètres 95, dans une pièce d'étoffe de 120 mètres 20. Que reste-t-il de la pièce?

1296. — Un laboureur met douze minutes pour tracer un sillon; combien lui faudra-t-il d'heures pour labourer un champ de 25 sillons?

1297. — Un tuilier vend ses tuiles 40 fr. le mille. Combien devra une personne qui en prend 650?

1298. — Une personne achète chez un épicier : 1° 6 kilogrammes de sucre à 1 fr. 70 le kilogramme; 2° 35 pommes à 0 fr. 04 la pomme; 3° pour 0 fr. 80 de café. Elle donne en paiement une pièce de 20 fr. Combien doit-on lui remettre?

1299. — Un homme qui a la mauvaise habitude de fréquenter les cabarets, y consomme en moyenne trois litres de vin par semaine. Le vin étant vendu 0 fr. 40 le litre, combien cet homme économiserait-il par an, s'il perdait l'habitude d'aller au cabaret?

1300. — Une pièce de terre de 1 hectare 80 ares, a produit 20 litres de froment par are. Combien a-t-on récolté d'hectolitres de froment dans ce champ?

1301. — J'ai vendu 60 hectolitres d'avoine pour 570 fr. Je n'en ai livré que 42 hectolitres. Quelle somme dois-je recevoir?

1302. — Un homme possède une maison et une vigne. La maison est d'un revenu cadastral de 32 fr., et la vigne de 17 f. Le marc le franc étant de 0 f. 1515, quel est le montant de la contribution foncière de ces deux immeubles?

1303. — 4 tonnes contiennent chacune 550 litres; combien contiennent-elles ensemble de barriques de 220 litres?

1304. — Un maçon doit crépir, d'un seul côté, et à raison de 0 fr. 25 le mètre carré, un mur de 8 mètres de longueur sur 3 mètres 10 de hauteur, et dans lequel se trouve une porte cochère de 2 mètres de largeur sur 2 mètres 60 de hauteur. Combien coûtera le crépissage du mur ?

1305. — Un cultivateur qui a récolté 72 hectolitres de froment estime qu'il lui en faudra 16 hectolitres pour sa consommation et 6 pour sa semence. Combien retirera-t-il de la vente du reste, à raison de 22 fr. 75 l'hectolitre ?

1306. — Quel sera le prix du plancher d'une chambre de 5 mètres 60 de longueur sur 4 mètres 20 de largeur, si l'ouvrier le fait payer 4 fr. 50 le mètre carré ?

1307. — Un jardin est divisé en 18 carrés. On veut planter un arbre fruitier à chaque coin de carré. Combien coûteront tous les arbres nécessaires pour cette plantation, s'ils sont vendus 0 fr. 60 le pied ?

1308. — L'hectolitre de froment, du poids de 75 kilogrammes valant 24 fr., combien devra recevoir un cultivateur qui en vend 15 hectolitres pesant 78 kilogrammes ?

1309. — Il a fallu 3 doubles-décalitres de noir pour un petit terrain contenant 4 ares 50 centiares. Quelle quantité emploiera-t-on dans un champ de 118 mètres de longueur sur 45 mètres de largeur ?

1310. — Un ouvrier gagne 2 fr. 50 par jour, et il dépense 1 fr. 75. Combien économise-t-il par semaine ?

1311. — Une pile de bois a 3 mètres 80 de longueur, 1 mètre de largeur et 1 mètre 50 de hauteur. Combien vaut-elle si elle est estimée 8 fr. 50 le stère ?

1312. — Un homme a prêté une somme de 600 fr. à 5 fr. pour 100 par an. Combien doit-il recevoir au bout de trois ans intérêt et capital compris ?

1313. — Un cultivateur, pour ensemencer une pièce de terre, a dépensé en fumier 30 fr. 50, en labours 45 fr. Cette pièce de terre lui a donné une récolte qui vaut 215 fr., dites son bénéfice ?

1314. — Je dois 40 fr. 50 à mon boulanger, 15 fr. 25 à mon boucher et 50 fr. à mon propriétaire. Combien me restera-t-il d'un billet de 100 fr. après avoir payé ces trois dettes?

1315. — On demande le prix d'une barrique de vin de 225 litres si l'hectolitre vaut 30 fr.?

1316. — Un cabaretier vend dans son année 25 barriques de vin contenant chacune 230 litres ; chaque barrique lui coûte (droits payés) 70 fr. Combien dépense-t-il pour l'achat de son vin et quel bénéfice fait-il en revendant le litre 0 fr. 50?

1317. — Un fermier emploie deux journaliers pendant 30 jours; il donne au premier 2 fr. 50 par jour et au deuxième 2 fr. 10. Que doit-il à chacun de ces hommes et que leur doit-il en tout?

1318. — Deux manœuvres ont reçu 90 fr. pour un travail qu'ils ont fait en commun; quelle part revient à chacun, sachant que le premier a travaillé 15 jours et le deuxième 17?

1319. — On demande ce que gagne journellement un ouvrier tisserand qui fait 90 mètres de toile en 15 jours, s'il a 0 fr. 45 de façon par mètre?

1320. — Votre père a récolté 78 hectolitres de froment, 35 hectolitres de seigle et 15 hectolitres de sarrasin; il a vendu 30 hectolitres 50 litres de froment, 25 hectolitres 40 litres de seigle et 14 hectolitres de sarrasin. Combien a-t-il vendu d'hectolitres en tout et combien lui en reste-t-il de chaque espèce?

1321. — Au lieu de dire un demi-kilogramme, on dit souvent une livre. D'après cela combien de sous coûte une livre de beurre, lorsque 3 kilogrammes de ce beurre se vendent 7 fr. 02?

1322. — Un cultivateur vend 42 hectolitres 50 litres de grain au prix de 52 fr. 20 les 2 hectolitres. Que reçoit-il?

1323. — Un charcutier achète un porc pesant 125 kilog. au prix de 110 fr. les 100 kilog.; que doit-il et quel sera son bénéfice s'il revend le kilogramme 1 fr. 50?

1324. — L'hectare de terre semé en froment rapporte en moyenne 18 hectolitres de grain et 3200 kilog. de paille. On demande ce que rapporteront 2 champs, l'un de 2 hectares 50 ares, l'autre de 3 hectares 25 ares ?

1325. — Deux personnes ont un champ de 115 sillons à moissonner ; le premier jour elles moissonnent 25 sillons, le deuxième 34 et le troisième 26. Combien devront-elles en moissonner le quatrième jour pour finir leur tâche ?

1326. — Combien faudrait-il de kilog. de foin pour nourrir dix paires de bœufs pendant 15 jours, si chaque bœuf en consommait journellement 27 kilog ?

1327. — Si 90 kilogrammes de luzerne équivalent pour la nourriture des bestiaux à 100 kilogrammes de foin première qualité, on demande combien il faudrait de kilogrammes de luzerne pour nourrir 4 bœufs pendant 18 jours, sachant qu'il faut 27 kilogrammes de foin à chaque bœuf par jour.

1328. — Un cultivateur a ensemencé 4 hectares 25 ares de seigle ; on demande la valeur de sa récolte si l'hectare donne en moyenne 4100 kilogrammes de paille à 45 fr. le mille et 26 hectolitres de grain à 12 fr. 25 l'un.

1329. — Il faut à un fermier pour nourrir ses bestiaux 10000 kilogrammes de foin, 12000 kilogrammes de trèfle et 50 hectolitres d'avoine. Il a récolté 22500 kilogrammes de foin, 15800 kilogrammes de trèfle et 80 hectolitres d'avoine ; que peut-il vendre de chaque espèce ?

1330. — Trois pièces de terre semées en froment ont rapporté la première 18 hectolitres de grain et 3000 kilogrammes de paille, la deuxième 25 hectolitres de grain et 4700 kilogrammes de paille, et la troisième 30 hectolitres de grain et 6000 kilogrammes de paille. Dites : 1° ce que ces trois pièces réunies ont rapporté en grain et en paille ; 2° ce qui restera de cette récolte après avoir vendu 40 hectolitres 50 litres de grain et 8000 kilogrammes de paille.

1331. — Un fermier vend cinq bœufs gras à 1250 fr. la paire et 20 moutons à 35 fr. l'un ; que reçoit-il et combien lui restera-t-il de sa vente après avoir payé sa ferme 1800 fr. et ses impôts 180 fr. 50 ?

1332. — Un cheval bien nourri consomme par jour 10 litres d'avoine à 9 fr. 50 l'hectolitre, 10 kilogrammes de foin à 8 fr. 50 les 100 kilogrammes, et 2 kilogrammes 500 de paille à 6 fr. 80 le quintal. Dites 1° ce que coûte la nourriture d'un cheval par mois, 2° par an ?

1333. — Je dois à mon boulanger : 1° 16 pains de 3 kilogrammes à 0 fr. 85 les deux kilogrammes ; 2° 30 pains de 2 kilogrammes à 0 fr. 45 le kilogramme ; 3° 15 pains noirs de 6 kilogrammes à 0 fr. 90 les 6 kilogrammes. Combien lui dois-je ?

1334. — Si un hectolitre de froment du poids de 76 kilogrammes donne 53 kilogrammes de farine et 17 kilogrammes de son, que retirera-t-on en farine et en son de 9 décalitres du même grain ?

1335. — Une famille consomme par jour 4 kilogrammes 500 grammes de pain ; dites combien il lui faudra d'hectolitres de grain pour sa consommation annuelle, si un hectolitre donne 53 kilogrammes de farine et si 100 kilogrammes de farine donnent 136 kilogrammes de pain ?

1336. — Un fermier a acheté six bœufs à 1050 fr. la paire ; après les avoir engraissés, il en vend quatre pour 2400 fr. Combien doit-il vendre les deux autres pour gagner 500 fr. 50 sur le tout ?

1337. — Un cultivateur vend une paire de bœufs pour 1150 fr. et 10 moutons pour 300 fr. 50. Combien lui reste-t-il du produit de ces ventes après avoir payé une somme de 600 fr. 50 due à son maître, 390 fr. à ses domestiques et 50 fr. 15 à son forgeron ?

1338. — Dans un champ de 50 ares, j'ai récolté 15 hectolitres de blé. Combien ai-je eu de litres par are ?

1339. — Un cultivateur achète 12 moutons pour 274 fr. 20, il les revend 2 fr. 50 de plus la pièce. Que lui a coûté chaque mouton, et combien les a-t-il revendus tous ?

1340. — Une personne emporte au marché 132 œufs. Quelle somme en retirera-t-elle à 0 fr. 75 la douzaine ?

1341. — Neuf douzaines de chemises coûtent 502 fr. 20. Quel est le prix d'une douzaine?

1342. — Un homme bat 54 gerbes de blé par jour. Combien emploiera-t-il de jours pour battre 2 tas de chacun 675 gerbes?

1343. — Un cultivateur a récolté 306 bottes de foin de 10 kilogrammes. Combien deux chevaux mettront-ils de jours à manger ce foin s'il donne à chacun 8 kilogrammes 500 par jour?

1344. — Une fermière vend son beurre 1 fr. 40 le morceau. Combien donnera-t-elle de ces morceaux en échange de 14 doubles-décalitres de son valant 0 fr. 80 l'un?

1345. — 8 pains de sucre pesant chacun 12 kilog. 500, sont vendus 180 francs. A combien revient le kilogramme?

1346. — On veut échanger 28 hectolitres de froment à 26 fr. 50 pour de l'avoine à 10 fr. l'hectolitre. Combien aura-t-on d'hectolitres de cette avoine?

1347. — Un père de famille qui gagne 3 fr. 85 par jour a pris la bonne habitude, depuis 15 ans, de mettre de côté 5 fr. chaque semaine et 10 fr. chaque mois; de quelle somme se trouve-t-il possesseur au bout de ce temps?

1348. — Un fermier a vendu 60 hectolitres d'avoine à raison de 8 fr. 75 les 50 kilogrammes; l'hectolitre a pesé en moyenne 51 kilogrammes 600. Faites le compte de ce fermier?

1349. — Une ménagère achète chez l'épicier 8 kilogrammes 500 de savon à 0 fr. 90 le kilogramme, 9 kilogrammes 800 de sucre à 1 f. 65 le kilogramme, 8 kilogrammes de sel à 0 fr. 20 le kilogramme, 6 kilogrammes 300 d'huile à 1 fr. 40 le kilogramme, 2 douzaines d'assiettes à 2 fr. 20 la douzaine. Faites ce compte?

1350. — Un métayer a vendu 17 hectolitres 50 litres de froment à raison de 26 fr. 50 l'hectolitre de 78 kilogrammes; sachant que l'hectolitre n'a pesé en moyenne que 76 kilogrammes 500, faites le compte du métayer. Que lui est-il dû?

1351. — Un ouvrier dépense journellement pour

0 fr. 25 de tabac à fumer ; pendant combien de temps pourrait-il s'entretenir de pain avec la somme qu'il dépense ainsi dans l'année, sachant qu'il lui faut 1300 grammes de pain par jour et que le kilogramme vaut 0 fr. 31 ?

1352. — Un ouvrier gagne 3 fr. 50 par jour de travail, et la dépense journalière de la famille s'élève à 2 fr. 15. On demande ce que cet ouvrier peut mettre de côté chaque année, sachant qu'il chôme 68 jours par an.

1353. — Sachant qu'une pièce de toile de 37 mètres 50 a coûté 90 fr., que faut-il revendre le mètre pour gagner 11 fr. 25 sur le tout ?

1354. — Une machine à filer la laine coûte 32 fr. 60 par jour, le produit total de cette machine est de 14280 fr. pour 300 jours de travail. Quel est le bénéfice total du fileur ?

1355. — Combien coûteront 35 hectolitres de froment à raison de 3 fr. 75 le double-décalitre ?

1356. — Un bon marcheur fait 78 mètres de chemin en une minute ; quel chemin aura-t-il fait au bout de 2 heures et un quart ?

1357. — Un bottier a vendu 76 paires de bottes pour 1342 fr., dont 13 paires à 16 fr. l'une ; quel est le prix de chacune des autres ?

1358. — 40 mètres de drap ont été payés avec 9 kilogrammes 920 de monnaie de bronze. Quel est le prix du mètre ?

1359. — Un fermier paye 15642 fr. de fermage et 1230 fr. d'impôts ; sa ferme comprend 148 hectares ; combien paye-t-il par hectare ?

1360. — L'eau de la Seine parcourt en moyenne 38 mètres 333 par minute. On demande le temps qu'elle emploie pour aller de Paris à Rouen, sachant qu'un bateau a fait ce voyage en 9 jours avec une vitesse de 4 kilomètres 800 à l'heure.

1361. — On offre à un propriétaire 20000 fr. d'un terrain de 2 ares 50 cent. ; il refuse. Un jury d'expropriation lui alloue 84 fr. par mètre carré. Qu'a-t-il gagné en refusant ?

6.

1362. — 15 hectares 50 ares de terre ont fourni en moyenne par hectare 35 hectolitres de froment pesant chacun 75 kilogrammes, et vendus à raison de 31 f. 20 les 180 kilogrammes; trouver le bénéfice du cultivateur, sachant que ses frais se sont élevés à 175 fr. par hectare.

1363. — Partager 36 entre deux personnes de manière que l'une en ait trois fois plus que l'autre.

1364. — On a payé 9325 fr. pour 875 mètres de drap. Combien coûteront 736 mètres du même drap?

1365. — 14 ouvriers ont fait 100000 épingles en un jour, qu'ils ont vendues à raison de 0 fr. 03 les 20 épingles. Combien ont-ils eu chacun?

1366. — J'ai affermé une maison pour 560 fr.; je l'ai cédée à huit locataires qui me donnent chacun 15 fr. 25 par mois. Quel est mon bénéfice annuel?

1367. — Un marchand faïencier a acheté 1200 assiettes à 15 fr. 50 le cent; combien doit-il vendre chaque assiette pour gagner 45 fr. sur son marché, sachant qu'il a cassé 25 assiettes et que le transport lui a coûté 13 fr. 75?

1368. — Deux pièces d'étoffe de même qualité ont coûté la première 536 fr., et la deuxième 611 fr.; combien contiennent-elles de mètres chacune, sachant que la deuxième est plus longue de 15 mètres?

1369. — Un homme a un revenu de 1500 fr.; il économise en huit ans 1750 fr.; combien dépense-t-il par jour?

1370. — 25 personnes ont à se partager 2500 fr.; les 12 premières prennent chacune 120 fr. Combien les autres auront-elles chacune?

1371. — On a payé un champ qui avait 375 mètres de long sur 125 de large la somme de 8000 fr. Combien coûte le mètre carré?

1372. — Combien coûteront 18740 œufs à 0 fr. 60 la douzaine?

1373. — Combien y a-t-il de minutes dans 7 ans 3 mois 15 jours?

1374. — Un marchand qui devait 1500 fr. a donné en paiement 69 mètres de toile à 3 fr. le mètre, 48 mètres de drap à 8 fr. 60, et 135 mètres de calicot à 0 fr. 95 le mètre. Combien doit-il encore ?

1375. — Il a fallu 659 carreaux ayant une superficie de 1 décimètre carré 6 pour carreler une pièce ; combien faudrait-il employer de carreaux, si leur superficie était de 95 centimètres carrés ?

1376. — Combien coûteront 3 hectares de pré à 0 fr. 55 le centiare ?

1377. — 12 douzaines de mouchoirs ont été payées 288 fr. ; à combien revenait la douzaine et à combien le mouchoir ?

1378. — Une propriété de 76 hectares doit être partagée entre quatre frères : combien auront-ils d'hectares chacun et quelle sera la valeur de chaque part, l'hectare valant 2430 fr. ?

1379. — On a eu 27 bottes de paille et 38 bottes de foin pour 33 fr. 60 ; la paille seule a coûté 10 fr. 80 ; à combien revient la botte de paille et à combien celle de foin ?

1380. — En dix jours et demi, un ouvrier a fait 86 mètres 10 d'ouvrage. Combien faisait-il de mètres par jour ?

1381. — Pour 40 hectolitres 25 de blé un cultivateur a reçu 1046 fr. 50 ; à quel prix a-t-il vendu l'hectolitre ?

1382. — Trouver la quantité de sable contenue dans trois tombereaux qui en portent le premier 1 mètre cube 900 ; le deuxième 0 mètre cube 975, et le troisième 1 mètre cube 028.

1383. — On a vendu 1368 kilogrammes de blé pour 390 fr. ; on demande quel est le prix de l'hectolitre de ce blé, sachant qu'il pèse 76 kilogrammes ?

1384. — Que valent 67 litres de vin blanc à 19 fr. 50 l'hectolitre ?

1385. — Un maçon m'a fourni 530 tuiles à 6 fr. 90 le cent ; 850 briques à 75 fr. le mille ; 5 mètres cubes 800 de pierres à 12 fr. le mètre cube, et 3 mètres cubes 460 de sable de rivière à 3 fr. 50 le mètre cube. Combien lui dois-je ?

1386. — Combien me doit Charles à qui j'ai vendu

36 hectolitres de fèves à 2 francs 80 le double-déca-litre ?

1387. — Cherchez le prix de 4 mètres 60 de velours soie à 6 fr. 30 l'aune de 1 mètre 20.

1388. — Une machine à vapeur consomme trois quintaux métriques de houille par jour. Dites combien cette machine brûle d'hectolitres de houille par année de 365 jours. (Le décimètre cube de houille pèse 1 kilogramme 325).

1389. — Combien aura-t-on de fagots de bois à 32 fr. 50 le cent, pour 66 fr. 88 ?

1390. — Marcel vend à Paulin du blé à 32 fr. 40 les 100 kilogrammes et en livre 48 hectolitres pesant chacun 76 kilogrammes. Quelle somme doit Paulin à Marcel ?

1391. — Quel est le nombre qui, divisé par 0,06, a donné pour quotient 0,51.

1392. — Un ouvrier pourrait travailler 10 heures par jour et gagner 0 fr. 27 par heure. Il a la mauvaise habitude de perdre le quart de son temps. Combien gagnerait-il, en travaillant assidûment, dans une année de 296 jours de travail. Combien perd-il par sa faute dans le même temps ?

1393. — Un jardinier m'a fourni 25 laitues à 0 fr. 40 le cent, 130 plants de choux-fleurs à 0 fr. 60 le cent ; 8 poiriers à planter à 0 fr. 70 chacun ; 1 kilogramme 260 de graine de luzerne à 1 fr. 40 le demi-kilogramme ; 38 pieds d'artichaut à 5 pour 0 fr. 20, et 75 grammes de radis à 1 fr. le kilogramme. Combien lui dois-je ?

1394. — Un tonnelier achète 840 douves à 310 fr. le mille. Il en fait, en 40 jours, des barriques pour chacune desquelles il emploie 15 douves, et il vend chaque barrique 14 fr. 50. Il doit en outre compter 8 fr. par barrique de différents frais. Combien gagne-t-il par barrique ; à combien se monte sa journée ?

1395. — Si le décalitre de blé noir se vend 1 fr. 40 ; combien se vendront 42 litres ?

1396. — Avec 13 fr. 44 je pourrais payer 5 litres 60 de vin de Bordeaux. Combien en aurais-je pour 28 fr. 80 ?

1397. — Georges gagne 800 fr. par an et dépense 10 fr. 80 par semaine. Combien met-il de côté par mois? (Calculer sur 52 semaines.)

1398. — Un cultivateur veut fumer un champ de 92 ares 30 à raison de 20 mètres cubes par hectare. Le fumier qu'il emploie coûtant 11 fr. 50 la charretée de 2 mètres cubes, combien ce cultivateur dépense-t-il?

1399. — Ce cultivateur essaie, sur le même champ, l'engrais par le noir animal. Il répand par hectare 4 hectolitres de noir à 16 fr. l'hectolitre. En supposant que l'effet soit le même, quel bénéfice lui procurerait ce dernier mode d'engrais?

1400. — Un terrain a coûté 4160 fr. à raison de 65 fr. l'are; quelle en est la superficie?

1401. — Que dois-je à un menuisier qui m'a fait le travail ci-après à 4 fr. 75 le mètre carré : 3 tables d'auberge de 3 mètres 40 de longueur sur 0 mètre 78 de largeur, 6 bancs de même longueur sur 0 mètre 26, et 2 portes de 2 mètres 05 sur 1 mètre 10, plus la peinture en gris et à 2 couches de ces portes à 0 fr. 80 le mètre carré?

1402. — La longueur du Champ-de-Mars, à Paris, est d'environ 900 mètres et sa largeur de 440 mètres. A combien monterait la valeur de cette place magnifique à raison de 500 fr. l'are?

1403. — Quatre stères de bûches valant 105 fr. 20, combien en aura-t-on pour 197 fr. 25?

1404. — Un marchand a acheté 45 pièces de drap, contenant chacune 15 mètres, à raison de 118 fr. 50 la pièce. Combien a-t-il acheté le tout et le mètre?

1405. — Cinq ouvriers papetiers gagnent ensemble 250 f. 80 par mois. Combien gagnent-ils par an et par jour, chacun?

1406. — Un instituteur a 95 élèves qui lui payent 332 f. 50 par trimestre. Combien chaque élève lui donne-t-il par an?

1407. — Un boucher a acheté un bœuf à raison de 250 f. les 100 kilogrammes; le bœuf pèse 356 kilogrammes; à combien revient le bœuf, et combien le boucher devra-t-il revendre le kilo, s'il veut gagner 95 f. sur le tout ?

1408. — Un agriculteur a ensemencé un champ de 98 ares, il a récolté en tout 25 hectolitres de froment qu'il vend 23 f. 50 l'hectolitre ; combien en argent chaque are lui a-t-il rapporté ?

1409. — Un marchand a acheté 150 moutons à raison de 45 f. 50 le mouton, il les revend tous pour 956 fr., dire combien il a gagné en tout et par mouton ?

1410. — Un métayer a vendu 1450 fagots de bois à raison de 75 fr. les 100 fagots ; combien vend-il le tout ?

1411. — Un roulier est payé à raison de 75 f. par voyage ; il fait 15 voyages par mois ; combien gagne-t-il par an et par jour ?

1412. — Un commissionnaire est payé 25 f. par chargement de 2300 kilos qu'il transporte. Il a transporté 24540 kilogrammes ; combien a-t-il gagné en tout ?

1413. — Un meunier fait moudre 12 hectolitres de froment dans un jour ; il en a fait moudre 153 hectolitres et on lui a donné pour cela 210 f. ; combien gagne-t-il par jour ?

1414. — Un ouvrier doit à son boulanger 35 pains de 6 kilogrammes chacun, il le paye et son compte se monte à 73 f. 50 pour le tout ; combien vaut le kilogramme de pain ?

1415. — Un maçon gagne 21 f. 50 par semaine, il travaille pendant 4 mois ; combien a-t-il gagné pendant les 4 mois et combien par jour, les mois étant de 26 jours de travail ?

1416. — Un propriétaire donne aux pauvres de sa commune 1480 kilogrammes de pain par an, le kilogramme de pain valant 0 f. 40, pour combien donne-t-il de pain par jour ?

1417. — Une fabrique à papier dépense 650 f. par jour ; elle fabrique 1850 kilos de papier que l'on vend 0 f. 50 le kilo ; dire combien elle donne de bénéfice par kilo de papier fabriqué ?

1418. — Un jardinier a acheté 540 pieds d'arbres, à raison de 30 f. les 100 pieds, il revend le tout et gagne 120 f. sur son marché ; combien a-t-il revendu chaque pied d'arbre ?

1419. — Un domestique gagne 45 f. par mois ; combien gagne-t-il par an et par jour ?

1420. — Un bureau de charité donne 70 fr. par jour pour être répartis entre 35 familles pauvres ; combien ce bureau donne-t-il par année à chaque famille ?

1421. — Une prairie donne 25600 kilos de foin, ce foin est vendu 45 f. les 500 kilos ; combien la prairie rapporte-t-elle en argent ?

1422. — Un marchand de vin a vendu 45 barriques contenant chacune 130 litres pour 2540 f ; combien a-t-il vendu le litre de vin ?

1423. — Un métayer a acheté 25 moutons à 22 fr. la pièce. Combien doit-il revendre chaque mouton en moyenne pour gagner 75 f. sur son marché ?

1424. — Un journalier qui gagne 1 f. 50 par jour a passé 92 journées chez une personne qui lui donne en paiement du blé valant 21 f. l'hectolitre. Combien devra-t-elle lui donner d'hectolitres ?

1425. — J'ai vendu 12 barriques de vin de 230 litres chacune pour 480 fr. ; quel est le prix du litre ?

1426. — Un marchand a acheté 54 m. 50 de drap à 11 f. 25 le mètre. Combien devra-t-il revendre le mètre pour gagner 65 f. 50 sur son marché ?

1427. — En revendant le mètre de drap 12 fr. 50, un marchand a gagné 98 f. 50 sur une pièce de 50 mètres ; combien avait-il payé le mètre de cette étoffe ?

1428. — Un fermier a vendu 35 hectolitres de froment à raison de 45 f. 50 les 100 kilog. Combien recevra-t-il sachant que l'hectolitre pèse 76 kilog. 500 ?

1429. — Pour faire 3 douzaines de chemises, on a employé 108 mètres de toile à 1 f. 75 le mètre. Quel est le prix d'une chemise, y compris la façon qui est de 2 f. 35 ?

1430. — Un marchand a acheté 65 douzaines d'assiettes à 3 f. 15 la douzaine. Il en casse 3 douzaines. Combien doit-il revendre la douzaine de celles qui lui restent pour gagner 43 fr. 25 sur son marché?

1431. — Un domestique qui gagne 276 f. dans son année a été malade pendant 4 mois. Combien doit-il recevoir?

1432. — Un ouvrier fréquentant les cabarets, y dépense en moyenne 1 f. 95 par semaine. Si, au lieu de dépenser ainsi son argent, il en achetait du vin pour sa famille, combien pourrait-il avoir de barriques à 25 f. l'une?

1433. — Combien aurait-on de vin à dépenser dans cette famille, sachant que chaque barrique en contient 230 litres en moyenne?

1434. — Un ouvrier économe met chaque semaine 3 f. 75 de côté pour son établissement. Dans combien d'années aura-t-il 2340 fr., somme nécessaire pour cela?

1435. — J'ai acheté une barrique de vin de 240 litres pour 65 f. Je veux la faire mettre dans des bouteilles qui contiennent chacune 0 l. 75 et qui valent 22 f. le 100. A combien me reviendra la bouteille de vin, tout compris?

1436. — Un fermier a vendu 50 hectolitres de froment à 26 fr. 50 l'hectolitre garanti 75 kilog. Le blé a pesé 76 kilog. Que doit-il recevoir?

1437. — Combien faudrait-il d'hectolitres de froment pesant 75 kilog. pour nourrir pendant un an un homme qui mange en moyenne 1 kilog. 500 grammes de pain dans 2 jours, sachant que 100 kilog de blé donnent 80 kilog. de farine et que 5 kilog. de farine font 6 kilog 500 de pain?

1438. — Le maître d'une machine à vapeur a reçu 112 f. 50 pour du blé battu chez un fermier; combien a-t-il battu de doubles décalitres de blé, sachant qu'il prend 0 f. 45 par hectolitre?

1439. — Combien le même fermier doit-il vendre d'hectolitres de blé à 27 f. 25 l'hectolitre garanti 75 kilos pour le paiement du battage de son blé, sachant qu'il pèse 78 kilog. 500?

1440. — Deux laboureurs qui ont travaillé le premier 25 heures et le deuxième 15 heures, ont fait ensemble 150 sillons ; si le second avait travaillé aussi longtemps que le premier, ils en auraient fait 190. Combien chacun a-t-il fait de sillons ?

1441. — Un maître maçon qui a 12 ouvriers leur a distribué au bout de 6 jours de travail la somme de 216 f. ; combien chacun a-t-il gagné par jour, et combien gagnerait-il dans une année en travaillant à ce prix si l'année est comptée à 300 jours de travail ?

1442. — Un propriétaire, ayant récolté 432 barriques de vin, les a fait brûler pour avoir de l'eau-de-vie. Combien a-t-il obtenu de barriques et d'hectolitres sachant qu'il a fallu 4 barriques de vin pour faire une barrique d'eau-de-vie et que chaque barrique contient 3 hectolitres ?

1443. — Trois ouvriers ont fait un travail du prix de 200 fr. ; le premier a travaillé 18 jours, le second 25 jours et le troisième 7 jours. Combien chacun doit-il recevoir à raison des journées qu'il a faites ?

1444. — On a acheté 25 barriques de vin pour la somme de 750 f. Combien coûteraient 45 barriques au même prix ?

1445. — Un jardinier a planté une allée longue de 343 mètres en espaçant les arbres de 7 mètres ; quelle quantité d'arbres faudra-t-il pour planter cette allée et quelle sera la dépense si chaque arbre mis en place coûte 1 f. 50 ?

1446. — Un cultivateur conduit 12 moutons à une foire et compte les vendre 300 f. ; on lui offre 25 f. 75 de chaque mouton ; aura-t-il du bénéfice à les céder à ce prix ?

1447. — On a récolté 12 sacs d'avoine de 1 hect. 50 et 16 sacs de 1 hectol. 75 que l'on veut vendre 552 f. Un marchand offre 529 f. de toute la récolte ; combien perdra-t-on par hectolitre ?

1448. — Un courrier a parcouru 68 myriamètres de chemin en 17 heures ; combien en parcourra-t-il en 24 heures ?

1449. — Un charbonnier a acheté une coupe de bois

pour 2500 f., cette coupe lui a donné 200 stères de bois propre à faire du charbon et 2000 fagots de branchages qu'il a vendus à raison de 15 f. les 100 fagots ; à combien lui revient le stère de bois ?

1450. — Un sabotier achète une bille de bois pour 18 f. ; avec cette bille il fait en 3 jours 36 paires de sabots ; quelle somme recevra-t-il en les vendant à 0 fr. 95 la paire, et quel sera le prix de sa journée ?

1451. — Un jardinier a vendu dans une année 2000 laitues à 0 f. 02 l'une, 1560 choux à 0 f 15, 1800 chicorées à 0 f. 05, 795 têtes d'artichauts à 0 f. 20, 350 arbres à 0 f. 60 et diverses sortes de légumes pour 350 fr., il a en outre employé 60 journées à la taille des arbres chez des propriétaires à raison de 2 f. 50 la journée, on demande : 1° le montant de ses recettes ; 2° son bénéfice annuel et par jour, sachant qu'il paye 120 f. de fermage et qu'il a acheté pour 200 f. d'engrais ?

1452. — Un propriétaire a vendu 5000 kilogrammes de foin pour 75 f. et 2000 kilogrammes de paille pour 36 f. ; il voudrait vendre 8000 kilog. de foin et 5000 kilog. de paille aux mêmes prix ; que recevra-t-il ?

1453. — Combien paierait-on pour le transport de 425 kilogrammes de fer sachant que l'on a payé 12 f. 50 pour 250 kilogrammes ?

1454. — Un cultivateur a récolté 8000 hectolitres de blé qu'il vend 25 f. l'hectolitre au poids de 78 kilog. ; que devra-t-il recevoir si l'hectolitre ne pèse que 75 kilogrammes ?

1455. — Un forgeron a vendu la ferrure d'une charrette pour 162 f. 50 à la condition que cette ferrure pèserait 250 kilogrammes. Que devra-t-il recevoir si elle ne pèse que 228 kilogrammes ?

1456. — On a acheté un terrain de 1 hectare 6 ares 5 centiares au prix de 0 f. 65 le mètre carré ; combien l'a-t-on payé ?

1457. — Un meunier a fait moudre, dans 6 semaines, la quantité de 240 hectolitres de blé valant 25 f. l'hectolitre ; on demande quel a été son gain quotidien, sachant qu'il reçoit pour salaire le trentième de la valeur du blé et qu'il n'a pas travaillé le dimanche ?

1458. — Un journalier a pris 3 prés à faucher : le 1er a une surface de 55 ares, le second de 42 ares et le 3e de 28 ares. Quel sera son gain quotidien, sachant qu'il a fait le travail à raison de 0 f. 42 par are et qu'il a employé 15 jours ?

1459. — Combien coûteraient 60 hectolitres de blé lorsque 25 hectolitres ont été payés 840 fr. ?

1460. — Combien un particulier aura-t-il de pièces de vin à 52 f. la pièce pour 80 hectolitres de blé à 19 f. 50 l'hectolitre ?

1461. — Un fermier vend 42 sacs de blé contenant chacun 1 hectolitre 1|2, à raison de 31 f. 50 le quintal métrique ; combien doit-il recevoir si l'hectolitre de blé pèse en moyenne 76 kilogrammes ?

1462. — Une pièce de terre de 6 hectares a coûté 3200 f. l'hectare. En 1878 la récolte a été de 16 hectolitres de froment par hectare, vendu au prix de 22 f. 50 l'hectolitre. On demande à quel taux l'acquéreur a placé son argent en achetant cette propriété, déduction faite des frais de culture qui se sont élevés à 1580 f. ?

1463. — On loue une pièce de terre de 42 ares 24 centiares à raison de 60 f., quel est le prix de location par hectare ?

1464. — Pour payer 1950 f. un fermier vend 1700 fagots de bois à 24 f. 50 les 100 fagots, 350 fagots de genêts à 10 f. 50 le cent, 38 hectolitres de blé à 25 f. 25 l'hectol., 15 hectol. de mil à 10 f. 50 et 3 barriques de vin à 28 f. l'une. Combien lui faut-il encore de pièces de 5 f. pour acquitter sa dette ?

1465. — Une épicière a acheté 20 douzaines d'assiettes à raison de 0 f. 135 l'assiette. Elle veut en les revendant gagner 9 f. 90. Combien doit-elle vendre l'assiette, sachant que le transport a coûté 5 f. 70 ?

1466. — Un ouvrier doit au boulanger 27 pains de 6 kilog. à raison de 0 f. 34 le kilog., 5 de 3 kilog. à 0 f. 30 et 9 de 6 kilog. à 0 f. 35. Il ne peut donner que 53 f. 45, il s'engage à acquitter le reste en nature ; combien lui faudra-t-il de journées s'il gagne 1 f. 75 par jour ?

1467. — J'ai acheté un petit champ de forme rectangulaire ayant 45 m. 50 de long et 29 mètres de large, pour 462 fr. Quel est le prix du mètre carré?

1468. — Jérôme et ses 7 ouvriers ont gagné 180 f. en 6 jours. Combien chacun a-t-il gagné par jour?

1469. — 7 ouvriers ont fait un travail en 15 jours; combien 18 ouvriers auraient-ils employé de jours pour faire le même travail?

1470. — Je gagne 2 f. 50 par jour et je dépense 1 f. 35. Quelles seront mes économies au bout d'une année de 289 jours de travail, et quel temps me faudra-t-il pour payer la maison que j'ai achetée, dont le prix est de 1148 f. 75?

1471. — 12 ouvriers travaillant 8 heures par jour ont fait un certain ouvrage en 10 jours; combien 6 ouvriers, travaillant 10 heures par jour, mettront-ils de journées pour faire le même ouvrage?

1472. — 8 mètres de drap de 0 m. 50 de large coûtent 100 f.; combien coûteront 2 m. 60 de drap de même qualité, mais ayant 0 m. 60 de large?

1473. — 15 ouvriers maçons ont construit en 12 jours un mur de 175 mètres de longueur sur 3 mètres de hauteur. Combien de temps auraient employé à le construire les mêmes ouvriers, si l'on eût réduit la hauteur à 1 m. 50?

1474. — Quelle est la valeur de pièces de 5 f. disposées en ligne sur une longueur de 307 m. 063, le diamètre de la pièce de 5 f. étant de 0 m. 037?

1475. — Trois associés ont mis en commun pour une entreprise, les sommes suivantes: le premier 2340 f., le 2ᵉ 1800 f. et le 3ᵉ 1500 f. Ils ont fait un bénéfice de 720 f.; quelle part du bénéfice revient à chacun d'eux proportionnellement à leur mise?

1476. — Mon père a vendu 37 hectolitres de blé à raison de 25 f. 50 l'hectolitre; 13 hectolitres de seigle à 18 f. 20 l'hectolitre, 8 hectolitres d'avoine à 11 f. 75 l'hectolitre. Il reçoit en payement un billet de 500 f.; 3 de 100 f. et 5 de 50 f., 9 f. 10 en monnaie et le reste en pièces de 5 francs. Combien lui faut-il de pièces?

1477. — On a mélangé 3 espèces de froment dont 15 hectolitres à 21 f. 50 l'hectolitre; 18 à 23 f. 75 et 12 à 25 f. 40. Combien devra-t-on vendre le litre de mélange pour gagner 75 f. sur le tout ?

1478. — L'hectolitre de blé se payant 21 f. 75 et l'hectolitre d'avoine 7 f. 25; combien devra-t-on donner d'hectolitres d'avoine en échange de 68 hectolitres 5 décalitres de blé ?

1479. — On possède du blé de deux qualités différentes, l'un du prix de 21 f. 75 l'hectolitre, l'autre du prix de 25 f. 40; on veut en faire un mélange dont l'hectolitre revienne à 23 f. 40; quelle quantité de blé de chaque espèce devra-t-on faire entrer dans ce mélange ?

1480. — Un marchand achète du drap qui lui coûte 12 f. 75 le mètre; on lui en livre 4 pièces d'égale longueur pour 2142 fr.; combien chaque pièce doit-elle contenir de mètres ?

1481. — On veut doubler en lustrine un tapis ayant 4m50 de longueur sur 3m25 de largeur; combien faudra-t-il pour cela de mètres de lustrine dont la largeur est de 0m50 ?

1482. — Un marchand de sel en achète 18 sacs. Chaque sac lui coûte 5 f. 50 d'achat et 22 f. 75 de droits. Il a dépensé pendant son voyage 30 f. 75. Combien devra-t-il vendre le sac pour gagner 36 f. 75 sur le tout ?

1483. — Un marchand poissonnier a acheté un petit baril contenant 3700 sardines au prix de 0 f. 075 l'une; il a dépensé en plus 59 fr. 85 et veut gagner 33 f. 15. Combien doit-il vendre la douzaine de sardines ?

1484. — Un marchand a acheté d'un coutelier 500 couteaux à raison de 39 f. la grosse de 12 douzaines. Quel est le prix d'un couteau et qu'a-t-il payé en tout ?

1485. — Mon père a dans sa grange 6780 kilog. de foin et 4500 kilog. de paille. Pendant combien de jours pourra-t-il nourrir ses sept vaches s'il donne à chacune 9 kilog. 900 de foin et de paille mélangés par jour ?

1486. — Le fermier Georges dit que l'on doit semer le froment à raison de 110 litres à l'hectare. Combien

lui faut-il d'hectolitres et de litres de froment pour ensemencer sa ferme qui est de 17 hect. 25 ares ; et quel
sera le prix de ce blé à raison de 24 f. 50 l'hectolitre ?

1487. — Un sac de monnaie d'argent pèse 1 kilog.
750 grammes. Quelle en est la valeur ?

1488. — Un sac d'argent contient une valeur de
195 f. 50 ; quel en est le poids ?

1489. — Quelle est la valeur d'un sac de monnaie de
bronze pesant 5 kil. 755 grammes ?

1490. — Quel est le poids d'un sac de monnaie de
bronze contenant une valeur de 67 f. 50 ?

1491. — Un fermier avait acheté une génisse pour
50 écus et il l'a revendue 18 pistoles ; qu'a-t-il gagné ?
(La pistole vaut 10 f. et l'écu 3 f.).

1492. — Un cheval avait coûté 45 pistoles et il n'a
été revendu que 100 écus ; quelle perte a-t-on faite sur
ce cheval ?

1493. — Un champ de forme rectangulaire a 45
mètres de large sur 135 mètres de long ; quelle en est
la surface en ares et centiares, et la valeur à 24 f.
l'are ?

1494. — Une vigne a la forme d'un trapèze ; les
côtés parallèles ont l'un 88 mètres et l'autre 64 mètres ;
la distance qui les sépare est de 32 mètres ; quelle en
est la contenance et combien fait-elle de journaux de
5 ares 20 ?

1495. — Un pré triangulaire a 165 mètres de base,
sur 68 mètres de hauteur ; quelle en est la contenance
et le prix à 28 f. l'are ?

1496. — Un bois taillis a la forme d'un rectangle
de 260 mètres de long sur 130 mètres de large ; quelle
est sa contenance et combien fait-il d'arpents de 60
ares ?

1497. — Une personne a emprunté 1200 f. avec pro-
messe d'en payer chaque année l'intérêt à 5 f. 0¡0 ; quel
sera cet intérêt ?

1498. — Quelle somme faut-il placer à 4 f. 50 pour
cent afin de se faire une petite rente annuelle de
225 f. ?

1499. — Quel sera l'intérêt de 2400 f. placés à 5 f. pour cent pendant 3 ans ?

1500. — Sachant qu'un capital de 4000 f. placé à 4 pour cent, est ainsi resté pendant 5 ans ; quelle somme retirera-t-on au bout de ce temps, capital et intérêt compris ?

1501. — Deux villages, l'un de 650 habitants, l'autre de 720, ont établi un chemin pour les relier entre eux. Les terrassements sont exécutés, il ne reste plus à faire que l'empierrement de la chaussée large de 6m25, sur une épaisseur de 0m15. La longueur du chemin est de 500 m. On demande ce que chaque village devra payer au prorata de sa population, si la pierre coûte 9 f. 75 le mètre cube.

1502. — Un bœuf à l'engrais a consommé 5200 kilogrammes de pulpes et son poids s'est augmenté de 31 kilog. 500 ; on demande à combien revient le kilog. de viande, si les 100 kil. de pulpes coûtent 2 f. 85 ?

1503. — Un père de famille laisse en mourant à ses 3 fils et à ses deux filles une pièce de terre de forme rectangulaire ; elle a en longueur 795 mètres et en largeur 426m75. La moitié de cette pièce de terre est en pré et l'autre moitié en terre labourable. On vend la partie labourable par parcelles de 50 ares à raison de 5 f. 50 l'are, et la partie qui est en pré est adjugée pour 29500 francs. Quelle sera la part de chaque enfant ?

1504. — Il faut 450 kilog. de noir animal pour fumer un hectare de choux. Sachant que dans un champ de hectare 25 ares, les choux sont plantés à une distance de 0m45 en tous sens, on demande quel poids de noir animal il faudra mettre à chaque plant de choux ?

1505. — Un marchand tailleur achète pour 1025 fr. une pièce de drap de 50 mètres 45 de longueur. Il en tire 32 pantalons de 1m15 chacun, et emploie le reste de la pièce à des gilets de 0m65. Il lui faut 2 f. 25 de doublure et boutons pour chaque gilet, et 0 f. 85 pour chaque pantalon. La façon d'un pantalon lui coûte 2 f. 25 et celle d'un gilet 2 f. 50. On demande combien il gagnera en tout s'il vend les pantalons 30 f. chacun et les gilets 20 f. ?

1506. — Un métayer a acheté un porc 25 f. 50 ; il l'a nourri pendant 4 mois 1|2 dépensant en moyenne 27 centimes par jour. Tué et vidé, cet animal vaut 104 f. Quel est le bénéfice du métayer ?

1507. — On a répandu 150 mètres cubes de marne dans un champ ayant 270 m. de long sur 85 m. de large ; quelle est la quantité répandue sur un mètre carré ?

1508. — Un mètre cube de pommes de terre pèse environ 650 kil. Combien faut-il de voitures chargées chacune de 1150 kilog., pour enlever un tas de pommes de terre de 4m50 de long, 2m75 de large et 1m15 de haut ?

1509. — Un éditeur a livré à un instituteur 156 exemplaires d'un ouvrage pour la somme nette de 546 fr. Il lui en donne 1 par douzaine et, en outre, il lui fait une remise de 20 pour 100. Quelle remise a-t-on faite sur chaque exemplaire ?

1510. — Un chemin de fer prend pour le transport du charbon 97 centimes par tonne et par myriamètre. On paye en outre un droit fixe de 2 f. 12 par wagon contenant 324 hectolitres. L'hectolitre de charbon pèse 82 kilog. Cela posé, on sait que le chef d'une usine paye annuellement au chemin de fer 2580 f. pour le transport de ses charbons, le parcours étant de 25 kilom. 34. Calculer le nombre d'hectolitres transportés ?

1511. — Un fermier veut répandre de la chaux dans deux pièces de terre, à raison de 20 hectolitres par hectare. Pour la première il lui en faut 68 hectolitres et pour la deuxième 248 doubles-décalitres. Quelle est l'étendue de chacune de ces pièces de terre et quelle dépense fera le fermier s'il paye la chaux 4 f. 25 l'hectolitre ?

1512. — Une personne place une certaine somme à 5 pour cent et la retire au bout d'un an et 8 mois. Au bout de ce temps, on lui rend le capital et les intérêts et on lui donne en tout 1400 fr. Trouver la somme placée.

1513. — On a vendu un coin de champ ayant la forme d'un triangle : la base de ce triangle a 75 mètres de long et la hauteur 39 m. 40 ; combien a été vendu ce morceau de terre, sachant qu'il revient à 2500 f. l'hectare à l'acquéreur ? (On obtient la surface d'un triangle en multipliant la base par la moitié de la hauteur).

1514. — Un fermier fait conduire par un chaulier 504 hectolitres de chaux dans une terre argileuse ; cette chaux lui coûte 4 f. 50 l'hectolitre ; il paye 7 f. 75 de transport par 10 hectolitres, et il donne 0 f. 35 de façon pour la conserver en tas et la répandre ; combien cela lui occasionnera-t-il de dépenses, et s'il met 19 hecto-litres par hectare, quelle sera la dépense pour un hec-tare ?

1515. — Un négociant a acheté 360,000 kilog. de houille à 5 f. 80 les 100 kil. Il revend cette houille à 6 f. l'hectolitre. Trouver le gain total, sachant qu'un hectolitre de houille pèse 90 kilog. ?

1516. — Combien faut-il de pièces de 5 f. en argent pour faire équilibre à un vase contenant 3 litres 95 d'eau pure et qui, vide, pèse 750 grammes ?

1517. — Un cultivateur veut marner un champ de forme rectangulaire ; ce rectangle a 325 m. 50 de lon-gueur et 168 m. 80 de largeur. Le charretier charrie par jour 7 mètres cubes de marne. Combien faudra-t-il de jours pour marner le champ dont il s'agit, si l'on met 25 mètres cubes par hectare ? (On obtient la surface d'un rectangle en multipliant la base par la hauteur).

1518. — Quelle est la surface d'un champ qui a la forme d'un carré de 76 mètres de côté, et que coûtera ce champ à 17 f. 50 l'are ?

1519. — Le trèfle perd par sa fenaison 66 pour cent de son poids, il subit en outre dans les greniers une perte de 12 pour cent. Une prairie mesure 23 ares. On demande combien elle fournira de foin à la consomma-tion, sachant qu'en moyenne on peut compter sur un rendement de 12300 kilogrammes de trèfle par hectare?

1520. — Trouver la surface d'un pré qui a la forme d'un rectangle de 155 de long sur 90 mètres de large et la valeur de ce pré à raison de 3,800 fr. l'hectare.

1521. — Trouver la surface d'un champ de trèfle ayant la forme d'un trapèze dont les bases parallèles ont 90 et 125 mètres et dont la hauteur est de 57 m. 75, et ce que coûtera le plâtre répandu sur la surface, à 42 hectolitres par hectare, au prix de 3 f. 75 l'hectolitre? (On obtient la surface d'un trapèze en multipliant la demi-somme des bases parallèles par la hauteur).

1522. — Un champ de luzerne non plâtré fournit 3418 kil. de foin sec à 4 f. 75 les 100 kil. Lorsque le propriétaire y répand 9 hectolitres 50 de plâtre à 4 f. 60, il fournit 7540 kil. ; quel est son bénéfice ?

1523. — Une personne veut acheter de la rente 5 pour cent. A quel prix lui faudra-t-il acheter de la rente pour que l'argent lui rapporte 5 f. 50 pour cent.? Quel capital devra-t-elle placer pour avoir 2000 f. de revenu ?

1524. — Une personne achète 15m20 de drap et les revend ensuite pour 302 f. 10 ; elle gagne à son marché 6 pour cent du prix d'achat. Combien le mètre de drap lui avait-il coûté ?

1525. — Quelle est la surface d'une vigne qui a la forme d'un trapèze dont une base a 250 mètres et l'autre 124, la hauteur étant de 64m70 ? Combien vaut cette vigne à raison de 3650 fr. l'hectare ?

1526. — Un marchand de bois a acheté les fagots de ramilles d'une coupe en exploitation. Il est convenu de les payer à raison de 48 f. le mille, à condition d'en recevoir 4 pour cent non comptables. L'exploitation de la coupe terminée, il s'y trouve en tout 14274 fagots. Que doit-il payer ?

1527. — Un cultivateur a fait établir, pour recueillir le purin de ses étables et de ses écuries, une cuve qui lui a coûté 61 f. 70 et un tonneau à arroser qu'il a payé 32 f. 50. Il s'est servi de ces instruments pour arroser une prairie de 2 hectares 25 centiares qui ne produisait en tout que 250 kil. de foin vendu à 4 f. 60 les 100 kilogrammes, et qui, grâce à l'arrosement, a produit par hectare 3845 kil. vendus 4 f. 75 les 100 kil. Quel est le profit de ce fermier?

1528. — Une personne qui possède 61,000 f., en a placé une partie à 4 1|2 pour 100 et l'autre à 3 1|2 pour 100. Elle obtient ainsi un revenu de 2445 f. On demande combien la personne a placé au taux de 4 1|2 et combien au taux de 3 1|2.

1529. — Une bourse contient une somme pesant 750 grammes, la moitié en or et le reste en argent. Quelle est cette somme?

1530. — Trouver le prix d'un objet, sachant qu'il y a 17 fr. de différence entre les 5|7es et les 3|11es de sa valeur.

1531. — Un père de famille cède pour 10 ans, à l'un de ses fils qu'il marie, la jouissance d'une propriété estimée 50,000 f. et rapportant 4 pour 100 par an. Le fils ayant besoin d'argent de suite vend ses droits à un banquier ; quelle somme doit-il toucher immédiatement?

1532. — Dans les grandes villes l'urine se vend environ 0 f. 60 l'hectolitre ; il en faut 280 hectolitres pour fumer convenablement un hectare ; quelle serait la dépense pour un champ de 6 hect. 1|2, si le transport d'un mètre cube d'urine coûte 3 f. 50?

1533. — On achète, pour en faire du cidre, 2500 kilog. de pommes à 4 f. 90 le quintal. Sachant qu'il en faut 1150 kilog. pour faire 7 hect. 1|2 de cidre, et que les frais de fabrication s'élèvent à 0 f. 85 par hectolitre de cidre, dire à combien reviendra le litre de cette boisson?

1534. — Un boucher achète 2 bœufs pesant chacun 840 kil., à raison de 78 f. 40 le quintal métrique. Sachant que le poids de la viande nette n'est que les 0,50 de celui des bœufs sur pied, que la dépouille d'un bœuf, cuir, suif, etc., rapporte 82 f. 50, et que la viande se vend 0 f. 90 le demi-kilogramme, on demande : 1° le prix d'achat des bœufs ; 2° le bénéfice brut réalisé par le boucher.

1535. — Le guano se vend en moyenne 53 f. 25 les 100 kil. ; 450 kil. de guano mêlés à leur poids de sel constituent la fumure d'un hectare. Quelle sera la dépense pour un champ de forme triangulaire ayant 92 mètres de base et 63m55 de hauteur, si le sel coûte 19f. 75 les 100 kilog. ?

1536. — Quelle est la surface d'un champ triangulaire dont la base a 124 mètres et la hauteur 68m50, et que donnera-t-on à un manœuvre qui a conduit avec sa brouette 156 tourteaux pour le fumer, s'il en mène 5 à chaque tour et qu'il ait 35 centimes par tour ?

1537. — Un propriétaire vend un champ qui a la forme d'un trapèze ; la grande base a 26m50, la petite 19m50 et la hauteur 10m60. Il l'avait acheté 5 f. le mètre carré et veut gagner, en le revendant, 20 pour cent. Combien doit-il vendre tout le terrain ?

1538. — Combien un cultivateur gagne-t-il par journée de charrue, s'il laboure en 4 jours un champ de 465 m. 75 de long sur 48m60 de large à 5 f. 90 les 25 ares 15 centiares ?

1539. — Combien faudra-t-il de mille kilog. de fumier pour couvrir de 7 millimètres d'épaisseur la surface d'un champ de 150 mètres de long sur 75 mètres de large, sachant que le mètre cube de fumier pèse 750 kilogrammes ?

1540. — Un négociant vend 12 tapis de chambre mesurant chacun 6m80 de long sur 5m70 de large, à raison de 8 f. 50 le mètre carré. L'acheteur paye comptant et bénéficie d'une remise de 3 1|2 pour cent. Combien doit-il payer ?

1541. — Quelle est la valeur d'un compost long de 17m50, large de 7m40 et épais de 1m72, si le décimètre cube a une densité de 0,92 et si les 100 kilog. valent 2 f. 75 ?

1542. — Quelques ouvriers travaillant 10 heures par jour pendant 15 jours, ont creusé un bassin mesurant 2 m. 50 de hauteur, 4 m. 50 de longueur et 4 m. 50 de largeur. Combien mettront-ils de jours en travaillant 8 heures par jour pour creuser un second bassin pouvant contenir 27,000 litres?

1543. — Le cent d'échalas coûte 3 f. 60 ; en comptant 95 ceps de vigne par are et 1 échalas par cep, quelle serait la dépense pour une vigne longue de 92 m. 50 et large de 69 m. 70 ?

1544. — Huit sarcleuses ont, dans leur journée, sarclé un champ de 2 hectares 40 ares ; combien en ont-elles sarclé chacune, et que gagnent-elles si on leur donne 8 f. 25 par hectare ?

1545. — Un propriétaire fait défricher un bois pendant l'hiver par 16 manœuvres auxquels il donne 1 f. 60 par jour ; combien cela lui coûtera-t-il, s'ils mettent 3 jours pour 72 ares, et que son bois contienne 11 hectares 52 ares 25 centiares ?

1546. — Sur une terre de 106 m. de longueur et 82 m. 50 de largeur, on a semé 45 ares 50 centiares de froment, et dans le reste du champ on a semé de l'avoine. Chaque are de la première culture a donné 77 litres à 22 f. 75 l'hectolitre, et de la dernière 92 litres par are à 11 f. 95 l'hectolitre : quel est le produit de cette récolte ?

1547. — Un marchand vend une pièce de toile en 3 fois ; le premier coupon est les 2|7e de la pièce ; le 2e est formé des 4|5e du reste ; et le 3e, qui a une longueur de 8 mètres, est vendu 22 francs Il fait dans chacune de ces ventes un bénéfice de 10 pour cent. On demande : 1° Combien de mètres contenait la pièce ; 2° le prix de vente total ; 3° le prix d'achat ?

1548. — Un fermier qui exploite un terrain de 50 hectares, ensemence de froment 12 hectares 25 ares qui doivent rapporter en moyenne 24 hectolitres 5 par hectare. Le poids d'un hectolitre étant de 76 kil., et 24 kil. de fumier étant nécessaires pour produire 1 k. 90 de froment, on demande combien de voitures de fumier pesant 1500 kilog. seront nécessaires, et quel sera le volume de cet engrais, si le mètre cube pèse 750 kilogrammes ?

1549. — Un moissonneur coupe du froment et reçoit le 10e pour salaire, Il coupe par jour 22 ares 65 don-

7.

nant 28 hectolitres à l'hectare. On demande quel sera
son salaire journalier, le froment valant 21 f. 75 l'hectolitre ?

1550. — Quelle somme pourra-t-on tirer d'un fût
de vin de 2 hectolitres 2 décalitres et 5 litres, en vendant 0 f. 60 la bouteille de 75 centilitres ?

1551. — Un ouvrier a déposé dans le cours d'une
année 320 f. à la caisse d'épargne. Il a dépensé les 2|5
de son gain pour sa nourriture, 1|3 pour son habille-
ment, logement et chauffage. Combien a-t-il gagné dans
son année? Combien par chaque jour de travail, sachant qu'il a travaillé 250 jours dans l'année ?

1552. — Pour faire une paire de bas dans des mo-
ments de récréation, une élève a acheté 4 hectogrammes de laine à 7 f. 50 le kilogramme. Il lui en reste 20
grammes. Chez le marchand, la paire de bas aurait
coûté 4 f. 75. On demande combien l'élève a gagné en
les tricotant elle-même.

1553. — Pour carreler un four rond, on emploie des
carreaux de 24 centimètres de côté, combien emploiera-t-on de ces carreaux, le diamètre du four étant de
1 m. 95? (On obtient la surface d'un cercle en multipliant le carré de son rayon par le nombre 3,1416).

1554. — On plante des haricots de 4 à 5 centimètres
de profondeur, et on met 35 centimètres en tous sens
entre les trous ; puis on place 6 graines de semence
dans chacun d'eux. On veut planter un champ de 120
mètres de long sur 94 m. 60 de large. Combien faudra-t-il de litres de semence de haricots nains, s'il en
entre 2500 dans un litre, et à combien revient la semence, si on l'a payée 28 f. 50 l'hectolitre ?

1555. — D'après un agriculteur distingué, M. Gos-
sin, un hectare de topinambours donne en moyenne
20,000 kil. de racines équivalant à 6666 kil. de foin.
Quelle quantité de foin m'économisera un champ de
105 m. 95 de large sur 248 m. 55 de long entièrement
garni de topinambours ?

1556. — Un épicier achète deux tonnes d'huile contenant chacune 120 litres à 165 f. l'hectolitre. Il paye
en outre 0 f. 05 de frais par litre et subit un déchet de

2 f. 50 par tonne. Il revend cette huile à 2 f. 05 le kil. Quel est son bénéfice sachant qu'un litre d'huile pèse 900 grammes ?

1557. — Cent kilogrammes de pommes de terre donnent 22 litres d'eau-de-vie. On demande combien donneront 3 hectares 25 ares 5 centiares qui ont produit 355 hectolitres 9 litres à l'hectare, sachant que l'hectol. pèse 67 k. 500 ?

1558. — Dans un champ de 2 hectares 55 ares 75 centiares, on a récolté 4 hectol. 9 de racines de carottes par are et 65 kilog. de tiges. On nourrit des vaches avec les racines et des chèvres avec les tiges. Une vache consomme 15 kil. 7 de carottes par jour et une chèvre 4 kil. 650 de tiges. Pendant combien de jours pourra-t-on nourrir 7 vaches et 8 chèvres avec le produit de ce champ, si l'hectolitre comble de carottes pèse 75 kilogrammes ?

1559. — On a vendu les 3/4 d'une pièce d'étoffe à un premier acheteur, puis les 2/3 du reste à un second. Le coupon qui restait a une longueur de 2 m. 77 et est vendu 72 f. 45. On demande la longueur de la pièce et sa valeur, d'après le prix du dernier coupon.

1560. — Un hectare en grand chanvre produit dans les sols riches 8000 kilog. de tiges et 975 kilog. de filasse épurée qu'on vend 1 f. 20 le kilog. Quel sera le produit de la récolte d'une chènevière qui a la forme d'un trapèze de 52 mètres de hauteur et dont les bases ont l'une 115 m. et l'autre 154 m. 90 ?

1561. — Une mercière achète 9 pièces de ruban à raison de 2 f. 70 le mètre. En les revendant 404 f. 55, elle gagne 27 f. 90. On demande : 1° combien chaque pièce contenait de mètres ; 2° combien la mercière a gagné pour cent.

1562. — Un capital produit pendant 3 ans et demi un intérêt de 4 pour 100 ; on le retire et on le place avec les intérêts échus dans un commerce qui procure 8 pour 100, ce qui donne un revenu de 2950 f. Trouver le placement primitif.

1563. — Trouver l'escompte d'un billet de 1200 f. payable dans 3 mois 1/2, le banquier prenant 7 1/2 pour 100.

7**

1564. — Un champ de 7 hectares 82 ares a été ensemencé en colza ; les frais de labour, de fumure et autres se sont élevés à 2650 f. On a récolté 16 hectolitres de colza par hectare, qu'on a vendu à raison de 32 f. 50 l'hectolitre. Quel bénéfice a-t-on réalisé ?

1565. — 100 kilog. de colza donnant 34 kil. 75 d'huile et 65 kilog. de tourteaux, combien fera-t-on de kilog. d'huile avec la récolte du champ dont on vient de parler au problème précédent, et combien fera-t-on d'argent de l'huile et des tourteaux, à 108 f. les 100 kil. d'huile et à 16 f. les 100 kil. de tourteaux ? L'hectolitre de colza pèse 68 kilogrammes.

1566 — Dans le commerce les plumes d'acier se vendent à la grosse ou boîte de douze douzaines. Un papetier ayant acheté pour 70 f. de plumes à 0 f. 80 et à 1 f. 20 la grosse, on demande :

1° Combien il a acheté de grosses de chaque espèce, sachant qu'il a acheté deux grosses à 0 f. 80 contre une à 1 f. 20 ; 2° quel est le prix de revient de la douzaine de chaque espèce de plumes ?

1567. — Un champ de garance a produit 8545 kil. de racines qu'on a vendues au prix de 0 f. 62 le kil. Un hectare de garance donnant 3,000 kil. de racines, on demande : 1° quelle est l'étendue du champ ; 2° quel est le prix de la vente ?

1568 — Un industriel emploie deux ouvriers dont le premier reçoit pour la journée un salaire double de celui que reçoit l'autre. On donne au premier pour 12 journées de travail 40 f. et 10 litres de vin ; on donne au second pour 9 journées de travail, 16 f. 40 et 2 litres de vin. Quel est le prix d'un litre de ce vin ?

1569. — Un essaim d'abeilles pesant 2 kilog. 725 compte 23250 mouches ; combien y a-t-il de mouches dans un essaim de 3 kil. 250 ?

1570. — Un pied de tabac fournit ordinairement 235 grammes de tabac sec ; quelle sera la valeur de la récolte d'un champ formant un trapèze de 76 de hauteur et dont les bases ont l'une 124 m. 75 et l'autre 112 m. 60, sachant que les plants sont espacés de 0 m. 68 en tous sens et se vendent 0 f. 70 le kilog. à la régie ?

1571. — Une salle a 6 m. 90 de large sur 8 m. 75 de long ; on veut la carreler avec des carreaux de 0 m. 16 de côté ; combien emploiera-t-on de carreaux ?

1572. — Une vigne longue de 125 m. 60 et large de 25 m. 60 a rapporté par pied de vigne 0 l. 49 de vin en moyenne, les ceps étant espacés de 0 m. 80 en tous sens. Si les pieds avaient été espacés de 1 mètre, le produit eût été de 0 l. 95 par pied ; quel eût été le bénéfice du propriétaire, le vin valant 65 f. la barrique de 228 litres ?

1573. — Une pièce de terre de 3 hect. 45 ares a été ensemencée moitié en avoine et moitié en pommes de terre. La récolte en avoine a produit 12 h. 1/2 par hectare vendus 9 f. 80 l'hectolitre et celle des pommes de terre a donné 52635 kilog. vendus au prix de 2 f. 60 l'hectol. du poids de 65 kilogr. ; quelle sera la différence du revenu si, pour la partie ensemencée de pommes de terre on a donné 135 f. de l'hectare pour les différents binages?

1574. — Une ruche d'abeilles donne en produit ordinaire 7 kilog. de miel à 1 f. 50 et 650 grammes de cire à 4 f. le kilog. Combien faudrait-il avoir de ruches pour se faire 600 f. de rente ?

1575. — Une personne achète 15 m. 20 de drap et les cède ensuite pour 302 f. 10 ; elle gagne à son marché 6 pour 100 du prix d'achat. Combien le mètre de drap avait-il coûté ?

1576. — Un épicier fournit un pain de sucre qui a 0 m. 63 de haut et 0m7854 de circonférence. On demande le prix de ce pain de sucre sachant : 1° que la densité du sucre est supérieure de 0,575 à celle de l'eau pure, c'est-à-dire qu'un décimètre cube de sucre pèse 1 kil. 575, tandis que l'eau ne pèse que 1 kil. : 2° que le prix courant du quintal est de 137 f. 50, et que l'épicier veut gagner 18 pour 100 ?

1577. — On veut entourer d'une haie un jardin fruitier de 170 mètres de long sur 95 m. 50 de largeur. Combien faut-il de plants d'épine blanche, si on les met à 0 m. 12 de distance, et que donnera-t-on pour les avoir arrachés et plantés à 14 f. le mille ?

1578. — Un stère de bois de hêtre coûte 17 f. 85. La densité du hêtre est 0,852. Le vide laissé entre les bûches est égal aux 2/7° du volume total. On demande à combien devrait revenir le quintal métrique, si on achetait le même bois au poids ?

1579. — Un vase contient une certaine quantité d'eau qui occupe le tiers de sa capacité. On y plonge un morceau de fer dont une moitié seulement est immergée et qui fait monter le niveau de l'eau, de façon que le volume du vase compris au-dessous de ce niveau représente les 5|8° de sa capacité. Le poids du fer est 1 kil. 722 et sa densité 7,8. On demande la capacité du vase.

1580. — Dans un terrain clos de 110 mètres de large sur 164 mètres de long, un propriétaire a fait planter des poiriers à raison de 8 mètres carrés pour chaque arbre. Ayant négligé de les faire entourer d'é-pines pour les garantir, un troupeau de moutons y pé-nètre et en fait périr les 3/8°. On demande : 1° Combien ce propriétaire avait fait planter d'arbres ; 2° combien ont été détruits par les moutons ; 3° combien il en reste ; 4° combien il a dépensé si le cent d'arbres coûte 70 f. et la plantation 15 c. le pied ; 5° la perte qu'il a faite ?

1581. — Un journalier a travaillé 27 jours 1|2 pour son boulanger à raison de 1 f. 75 la journée : il a reçu de celui-ci 9 pains de 5 kil. à 0 f. 31 le kil. et une autre fois 5 pains de 4 kilog. à 0 f. 29 ; combien lui re-vient-il ?

1582. — Un pré de forme triangulaire, dont les 3 côtés ont : 148 m. 75, 136 m. 25 et 89 m. 45, a été en-touré de peupliers qu'on a plantés à 2 m. 75 les uns des autres ; combien a-t-il fallu de plants et combien a-t-on dépensé si chaque pied d'arbre a coûté 0 f. 35 d'achat et si on a payé 0 fr. 15 pour le faire plan-ter ?

1583. — Un ouvrier dépense par jour 12 centimes 1/2 de tabac et 10 centimes d'eau-de-vie. On demande combien il aurait pu, à la fin de l'année, se procurer de kil. de pain à 48 cent. 1/2 le kil. avec l'argent folle-ment dépensé en tabac et en eau-de-vie ?

1584. — Une personne possède 25000 f. qu'elle place en rente 5 pour 100 au cours de 113 f. 75. Quel sera son revenu par trimestre ?

1585. — Tous les trois jours une famille consomme 5 kil. 750 de pain. Quelle est sa dépense annuelle en pain au prix moyen de 0 fr. 195 le demi-kilogramme ?

1586. — J'ai acheté un tas de bois long de 4 m. 75, large de 1 m. 50 et haut de 2 m. 30, à raison de 12 fr. 50 le stère. Quelle est la somme que je dois payer, s'il m'est fait une remise de 2 1{2 pour 100?

1587. — Pour faire une chemise, il faut 2 m. 85 de cretonne à 1 f. 65 le mètre, 0 f. 15 de fil et 0 f. 10 de boutons. Combien un chemisier qui donne à ses ouvrières 1 f. 75 de façon par chemise devra-t-il revendre la douzaine pour gagner 18 pour 100 du prix de revient ?

1588. — Quelle quantité de cuivre faut-il ajouter à 5 kil. d'argent fin pour faire des pièces de 2 f., de 1 f. et de 50 centimes?

1589. — Un vigneron a récolté 1 hectolitre 15 litres de vin par are de vigne. Combien lui a-t-il fallu de fûts de 225 litres pour contenir la récolte d'une vigne ayant la forme d'un trapèze, dont une base a 305 mètres et l'autre 204 m. 50, sur une hauteur de 142 m. 75, et quel est son produit net, si les frais de culture coûtent 350 f. par hectare, et qu'il vende son vin 28 f. 50 l'hectolitre ?

1590. — Un attelage de bœufs sur la route parcourt 0 m. 70 par seconde, et à la charrue 0 m. 50. Combien fera-t-il sur la route de kilomètres dans 7 heures 1{2 de marche, et combien labourera-t-il d'ares dans le même temps, si à chaque tranche de labour la charrue enlève 28 centimètres de terre, et qu'il perde 1{8e du temps pour tourner ?

1591. — En 20 jours, une ouvrière a tricoté 42 camisoles en laine qu'elle a vendues à raison de 6 f. 25 l'une. La laine lui a coûté 12 f. le kilog., et il en a fallu, pour chaque camisole, 350 grammes. Combien cette ouvrière a-t-elle gagné par camisole et par jour ?

1592. — Un cultivateur a acheté 4 chevaux, 8 vaches et 12 bœufs pour 16,000 f. Les chevaux coûtent les 5|7e du prix des vaches et les bœufs sont de 450 f. la pièce; on demande le prix d'une vache et celui d'un cheval?

1593. — Une fermière a 24 poules et 1 coq ; chaque volatile lui coûte en moyenne 0 f. 0095 par jour pour la nourriture. Les poules donnent à peu près 112 œufs chacune par an et la douzaine d'œufs se vend 1 f. 20. Quel est le bénéfice de la fermière, sachant qu'une poule donne en outre pour 0 f. 75 de fumier ?

1594. — Un domestique gagne 320 fr. par an; il dépense 120 f. pour son entretien et place le surplus de ses gages à la caisse d'épargne, à la fin de chaque année ; quelle somme aura-t-il au bout de 10 ans ?

1595. — Un mètre cube de pavés que l'on paye 2 f. 50 en carrière, dont le transport coûte 4 f. et l'ébauchage 2 f. 80, peut paver une surface de 5 m.q. 20. On emploie en outre par mètre superficiel 0 m. 120 de sable à 5 f. le mètre cube, et la pose se paye 0 f. 35 le mètre carré. On demande ce que coûterait le pavage d'une écurie de 5 m. 40 de longueur sur 4 m. 20 de largeur ?

1596. — Deux piquets sont plantés à une distance de 0 m. 85 ; à quelle hauteur faut-il entasser entre ces deux piquets des bûches de 1 m. 33 pour mesurer un stère de bois ?

1597. — On pèse un vase une première fois plein d'eau et une seconde fois plein d'huile; le premier poids surpasse le second de 204 grammes. Trouver en litres et fractions de litre le volume du vase, sachant qu'un décilitre d'huile pèse 91 gr. 5 ?

1598. — Une récolte de froment a été vendue à raison de 25 f. les 100 kil., et a produit 4151 f. 50. On avait ensemencé 9 hect. 50 ares. Quel est, en hectolitres, le rendement par hectare, le poids de l'hect. étant de 76 kilogrammes ?

1599. — Un champ rectangulaire a une surface de 43 ares 20 centiares et une longueur de 150 mètres ; quelle en est la largeur ?

1600. — On doit une somme de 2107 fr. dont on veut se libérer en trois paiements égaux, faits de 4 mois en 4 mois, en calculant les intérêts à 6 pour 100 par an. De combien sera chaque paiement ?

Solution. — En donnant 1 f. par intervalle de 4 mois, on s'acquitte :

1° De 1 f. — les intérêts de 1 f. pour 4 mois
$$= 1 \text{ f.} - 0,06 \times 1/3 \; ;$$

2° De 1 f. — les intérêts
de 1 f. pour 8 mois $= 1 \text{ f.} - 0,06 \times 2/3 \; ;$

3° De 1 f. — les intérêts
de 1 f. pour un an $= 1 \text{ f.} - 0,06$

$$\overline{3 \text{ f.} - 0,06 \times 2 = 2 \text{ f. } 88.}$$

Autant de fois 2 f. 88 seront contenus dans 2107 fr., autant il faudra donner de francs à chacun des paiements égaux. 2107 : 2,88 = 731 f. 59 c.

FIN.

TABLE

—

CHAPITRE I.

CHAPITRE II.

LES QUATRE OPÉRATIONS.

Nombres entiers et nombres décimaux.

CHAPITRE III.

CHAPITRE IV.

CHAPITRE V.

CHAPITRE VI.

CHAPITRE VII.

SYSTÈME MÉTRIQUE.

PROBLÈMES.

CHAPITRE VIII.

RÈGLE DE TROIS.

PROBLÈMES.

ERRATA.

A la page 3, 18ᵉ ligne, au lieu de : Un nombre est le résultat de la comparaison d'une grandeur quelconque à . . . . . lisez : *avec son unité.*

A la page 78, 22ᵉ ligne : Au lieu de : On n'en fabrique plus . . . . . lisez : *on n'en frappe plus.*

Troyes. — Typ. Bertrand Hᵗˢ

BIBLIOTHÈQUE NATIONALE — IMPRIMÉS.

www.ingramcontent.com/pod-product-compliance
Lightning Source LLC
Chambersburg PA
CBHW050000100426
42739CB00011B/2455